わかりやすい油圧の技術

林　義輝　著

日本工業出版

まえがき

コンピュータを駆使した産業機械の自動制御はすばらしい発展を続けています．このコンピュータ指令で油圧，空気圧，電気のパワーが機械の自動化を容易に推し進めています．

10年前までの油圧は「圧力が上昇しない」「油洩れがする」など，日常茶飯事で，技術者はその修理をメーカに頼んでいました．しかし，「自分の機械は自分で守る」などの意識向上により，自分で油圧の知識を身につける活動が進み，メーカ以上に自分の機械の油圧の使い方を理解し，油圧の故障を減らすと同時に，故障の対策のためのマニュアルを作成してきました．

しかし，企業の世代交代が進み，油圧は回路図が読めても現地現物はマニュアル頼りで油圧から遠ざかる結果になりました．そのため，油圧のトラブルが発生したとき，自動化ライン停止の原因がマニュアルに記載されていない場合「油圧のトラブル」で長時間ラインストップになるケースが発生しています．

知識があっても，そのワンポイントがずれると困る結果を招くことに関して，本書は一読してもらえれば理解できるものにしてあります．

このように，ライン（機械）に迷惑をかけないためにも本書を活用していただければ，これにまさる喜びはありません．

2002年3月

林　義輝

目　次

第１章　油圧の利用

第２章　油圧の基礎

第３章　油圧の要素機器

第 4 章　油圧回路

はじめに

(1) 本書の目的

自動化などの動力伝達の手段として「油圧」が使われていることは，今日の技能者，技術者なら誰でも知っています.

その「油圧」の使われ方を見ようと思えば，工場や屋外で簡単に見つけることができます．つまり，油圧がボルトやナットと同じように簡単に取り扱ったりすることができるほど広く普及しているということです.

しかし，実際に油圧を使って工場の設備や屋外の装置を作ろうとすると，なかなか難しいものです．また，トラブルが発生したときの処置もボルトやナットとはケタ違いに難しいものです．特に油圧の多くは，産業機械の駆動部など重要なところに使用され，機械の性能や機能に直接影響することがあります.

そこで，本書は油圧の知識，油圧のメンテナンス，トラブルの事例とその対策をわかりやすくまとめました.

(2) 本書の程度

油圧は機械動作または電気動作に比べ融通性に富み，小型簡素化ができ，かつ，大きな動力が得られるなど多くの利点があり，その特徴を理解できるようにまとめました.

(3) 本書の利用方法

本書は機能・技術者が設備や装置の自動化を進める際，油圧の採用を考えたときに必要な油圧の知識を利用できるようにまとめました.

内容としては実務的な数値で表現しています．条件によってはバラツキがありますが，調整範囲内ですので実践に適用できます.

第1章　油圧の利用

油圧はアクチュエータ*を使って，動き・押しつける力と速く動き，次に精密な動作をすることができるため，その応用は数多くあります．

(1)　アクチュエータの動き・押しつける力

設備や装置の中には直線，回転方向へ動かす大きな力を小さな電気エネルギーで動かすことができる油圧の特徴を生かしたものがあります．

［実例］　油圧プレス・各種設備機械のクランプ装置・荷役運搬の昇降装置・漁労機械の操舵装置，揚錨装置，ウインチなど

この実例は電動機から油圧ポンプで圧油を発生させ，アクチュエータへ伝達して大きな力を出すことができる油圧の原理を利用したものです．

(2)　アクチュエータで速く動かし，次に精密な動作をするもの

a.　従来，油圧の利用は工作機械が早く，19世紀の終わり頃に平削り盤の往復機構として使われ，20世紀の初め頃，油圧ポンプの性能が向上し，さらに自動切換制御や速度調整の精度が良くなって，工作機械には欠かせないものとなりました．しかし，精度がますます向上するに従い，次のような問題点が起こりました．

- 負荷変動時に一定の速度を保つ精度が悪い

　この精度の悪さが油圧駆動からサーボモータ＋ネジ駆動に送り装置が置き換わった原因です．

- 騒音（振動），油温上昇，油漏れの環境問題

　特に，工作機械が精密加工である場合，機械への振動，油温伝達は精度に大きく影響しました．また，工場環境の汚れ，騒音にも影響しました．

---

*　アクチュエータ：油圧の力を設備や装置の動作するところに伝達する油圧要素機器です．

- 油圧配管類や油圧要素機器の組合せが場所を取る

  機械の周囲に配管類，マニホールド*類が複雑に設置され，作業改善のネックになりました．そのため，油圧の役目である動き・押しつける力を応用したシステムは設備や装置で使用されていますが，速く動き，次に精密に動作するのは基本的に油圧制御からモータ制御に切り換わっています．ただし，平面研削盤やブローチ盤など衝撃（ショック）を嫌う機械などには油圧が今でも使用されています．

b. 工作機械以外で油圧による速度制御の役目は速度の加減速時の衝撃（ショック）を流体（作動油）のソフトな作動油の圧縮状態と油圧制御を利用して初速時，停止時のスムーズな動作に使用します．

　［**実例**］ 各種搬送装置の緩衝装置，ショックアブソーバ，大型クレーンの回転制動装置など

以上，油圧の利用について述べましたが，特に発電所のない所（屋外の装置）で大きな力が必要な場合には油圧が最も適しています．例えば，150 kg 以上の車両用リフト装置（福祉車両など），車両の動力伝達装置，各種フォークリフトのリフト装置などバッテリーを使用する装置，船舶，航空機の推力制御装置およびこれらの積載設備装置など幅広く利用されています．

1・1　油圧利用の急所

油圧の利用で述べたことを実際に設備や装置として使用する場合には，

a. どの位の力が出せるか．どうしたら安全な力で使えるか（圧力制御の決め）．

b. 速度の最小～最大・ショック・停止精度はどの位か（流量，方向制御の決め）．

から悩み，最終的には従来と同じ仕様に合わせることが多いと思います．

このような悩みの解決について述べます．

---

*　マニホールド：油圧機器を取り付けるブロックで機器間の配管レスを構成した金属材料（鋳物）です．

(1)　圧力制御の決めについて

油圧には静止したときの圧力と動作したときの圧力があります．静止した圧力は次の式にて求めます．

荷重（W_1）÷ 封入した容積の可動面積（A_1）

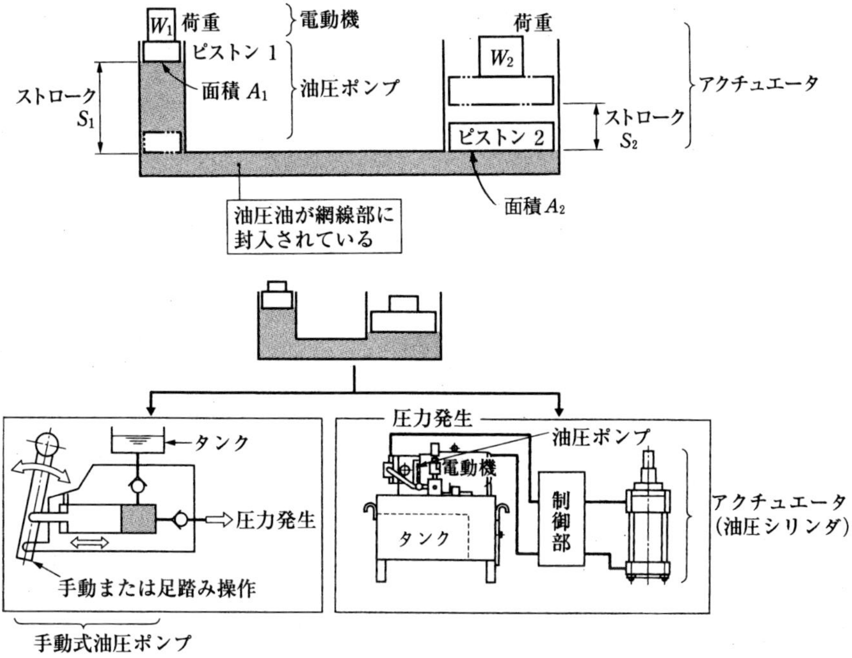

図1·1　油圧の静止した力

［急所］ 作動したときの圧力が $W_1/A_1 > W_2/A_2$ 時に発生した状態では次のことに注意することが必要です．

- 油の流れで発生する内部抵抗（圧力損失）を考える必要があります．
- シール*1類の摺動抵抗（始動抵抗）を考える必要があります．

　⇨　以上より油圧の回路効率は 85〜90%（油圧要素機器の内部抵抗を含む）と考えます．

- 油圧機器のリリーフ弁の圧力オーバライド*2特性を考える必要があります．

---

*1　シール　：油圧機器の内部，外部油洩れを防ぐ非金属材料（ニトリルゴムなど）です．
*2　圧力オーバライド：圧力制御弁の構造において閉じた弁（全閉）から開いた弁（全開）の圧力および流量の差をいいます．

- 可変容量形ポンプの P-Q 特性を考える必要があります.

⇨　以上より作動圧力は設定圧力の 85%以下（アクチュエータが作動する圧力の目安）と考えます.

また，作動したときの力の計算は次の式にて求めます.

作動時の力＝密閉した容積の可動面積×作動圧力×回路効率

表 1･1 に油圧シリンダから発生する力の求め方を示します.

表 1･1　油圧シリンダから発生する力の求め方

(1)　静止したときの力の求め方

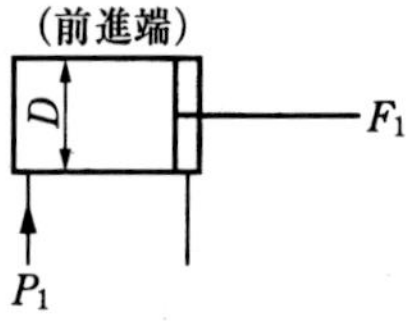

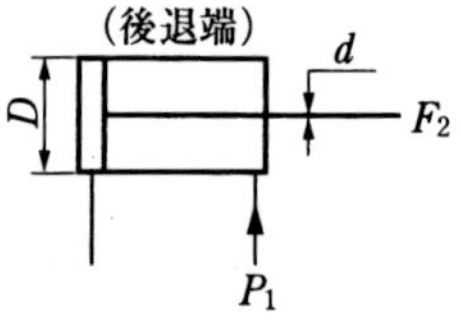

$$F_1 = P_1 \times \frac{\pi D^2}{4}$$

$$F_2 = P_1 \times \frac{\pi}{4}(D^2 - d^2)$$

ここで，F_1 ：前進端の推力　〔N〕
F_2 ：後退端の推力　〔N〕
D ：油圧シリンダ径　〔cm〕
d ：油圧シリンダロッド径〔cm〕
P_1 ：設定圧力　〔MPa〕

(2)　作動したときの力の求め方

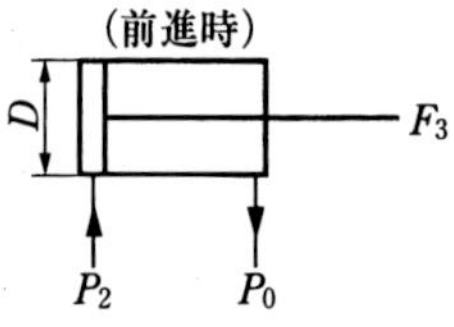

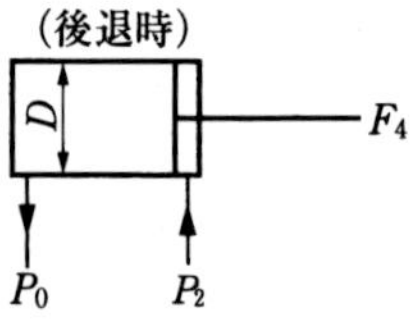

$$F_3 = (P_2 - P_0) \times \frac{\pi D^2}{4} \div \eta$$

$$F_4 = (P_2 - P_0) \times \frac{\pi}{4}(D^2 - d^2) \div \eta$$

ここで，F_3 ：前進時の推力　〔N〕
F_4 ：後退時の推力　〔N〕
P_2 ：作動圧力　〔MPa〕
P_0 ：内部抵抗（圧力損失）〔MPa〕
η ：油圧シリンダ効率（シール類の摺動抵抗など）〔%〕

(2)　流量，方向制御の決め（速度）について

油圧シリンダの速度は一般的に 2〜10 m/min 内で使用する範囲内であれば，メーカー標準油圧シリンダで構成できます．停止時のショック防止は一般的に 6〜10 m/min で油圧シリンダ内蔵のクッションを使用します．

[急所]　2 m/min 以下の速度の場合

- 油圧シリンダのシール抵抗を考慮する必要があり，シールはテフロン系のシールかシールなしとします．ただし，シールなしは低圧（4 MPa 以下）で使用します（シールなしの油圧シリンダは内部漏れが多い）．
- 油圧シリンダのロッドに偏荷重がかからないようにする必要があり，偏荷重がかかる際はガイドバーを取り付けます．
- 油圧モータ・揺動モータは基本的に使用しないのが望ましいです（制御のバラッキが大きい）．

また，10 m/min 以上の速度の場合

- 標準シリンダのポート径をワンサイズ UP（速度に合わせ）する必要があります．また，10 m/min 以上のときは機器類（電磁操作ブレーキ弁・電流制御弁・サーボ弁）により低ショックに対応できます．
- 高速から停止したときの停止精度は機器の構成（流量制御弁＋パイロットチェック弁）・油圧ポンプのインバータ制御* が考察できますが，1 mm 以内の停止精度の場合はサーボ弁を使用すると柔軟な対応ができます．

表 1·2 に油圧シリンダを動かす速度の求め方を示します．

表 1·2　油圧シリンダを動かす速度の求め方

$$V_1 = Q \div \frac{\pi D^2}{4} \times 10^{-3}$$

$$V_2 = Q \div \frac{\pi}{4}(D^2 - d^2) \times 10^{-3}$$

ここで，V_1 ：前進時の速度〔cm/min〕　V_2 ：後退時の速度〔cm/min〕
Q ：流量〔l/min〕　d ：油圧シリンダロッド径〔cm〕
D ：油圧シリンダ径〔cm〕

*　インバータ制御：油圧ポンプを駆動する電動機の回転数を任意に制御する方法です．

1・2　油圧で動作する切換え方法

電動機・油圧ポンプによって発生した圧油をアクチュエータへ伝達して動作しますが，その動作の前後，上下の切換えを方向制御（方向切換弁）で行います（**図1・2**）．

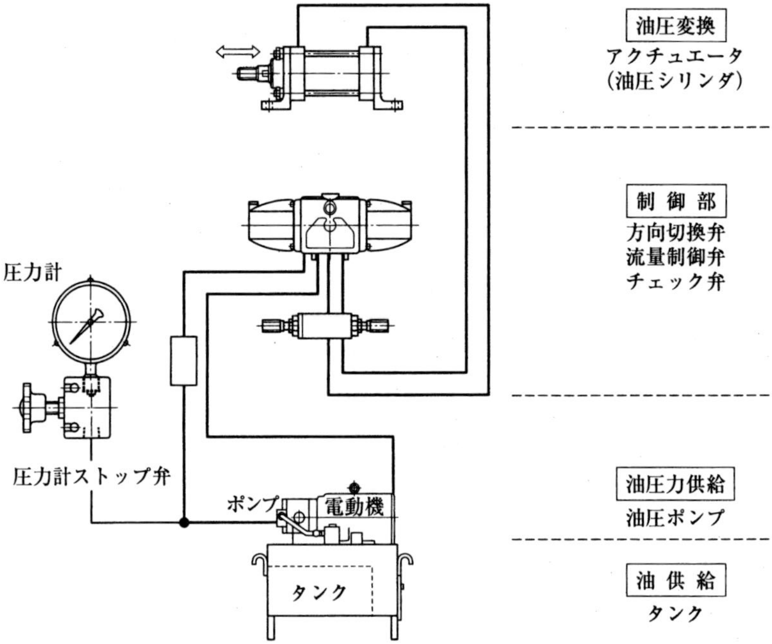

図1・2　方向切換弁によるアクチュエータの切換え構成

この切換えには手動式，機械式，空気圧式，油圧式，電気式などがありますが，油圧は自動制御で動作させる場合が多く，その代表例として電気シーケンス回路が一般的であり，その制御と基礎知識について述べます．

(1)　電気シーケンス回路と基礎知識

a．電気制御回路の配線方法（図1・3，図1・4）

押しボタン2個（a接点1個・b接点1個）と電磁継電器1個を用いてシングルソレノイドの電磁切換弁を制御する回路の配線を実際に示します（**図1・4**）．

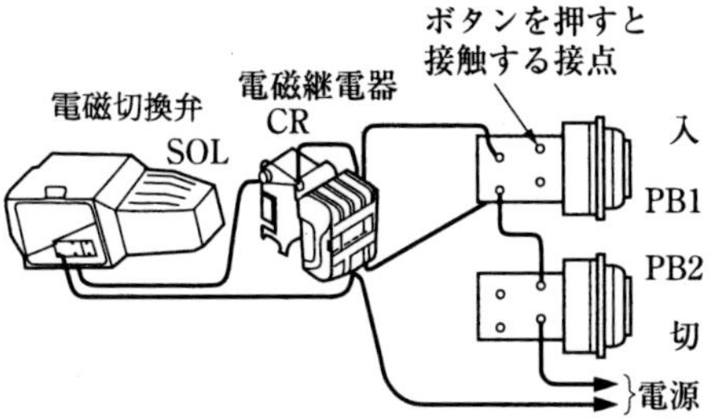

図 1·3　電気回路の配線方法

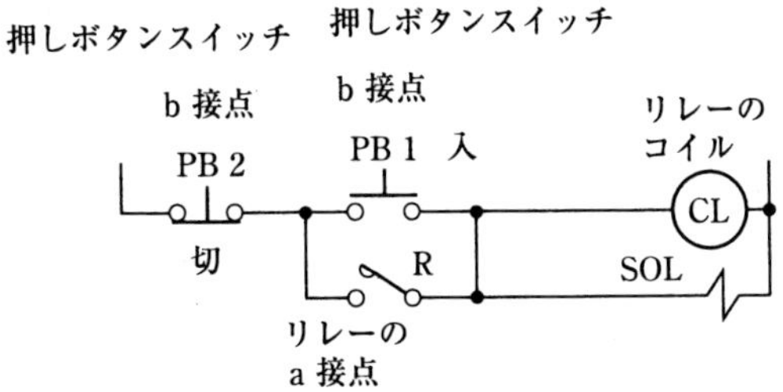

図 1·4　電気制御回路

b.　自己保持回路（図 1·5）

電磁継電器を用いると電気回路の自己保持をすることができます．自己保持とは電磁継電器のコイルにその電磁継電器自身の接点が電気を流すのを手助けしている状態をいいます．

- 押しボタン PB 1 を押すとリレーに電気が流れます．
- リレーに通電されるとそのリレーの接点が閉じ，リレーに電気が流れ続きます．この状態を自己保持といいます．
- 自己保持を外すときは押しボタン PB 2 を押してリレーに流れる電流を切れば接点が離れ自己保持が外れます．

c.　自己保持回路と油圧回路の関連（図 1·6，図 1·7）

- 押しボタン PB を押すと電磁継電器のコイル CR に電流が流れ，同時に電磁切換弁のソレノイドにも電流が流れるため，電磁切換弁の位置が右に切り換わってシリンダが動作します．
- 押しボタン PB から手を離しても，電磁継電器の接点 R で電磁継電器が自

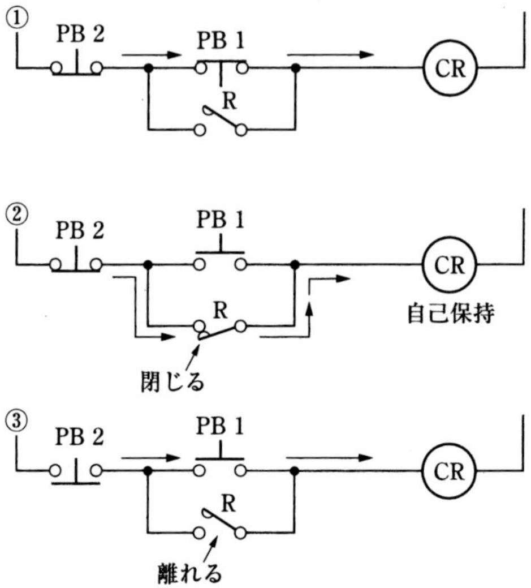

図 1·5　自己保持回路

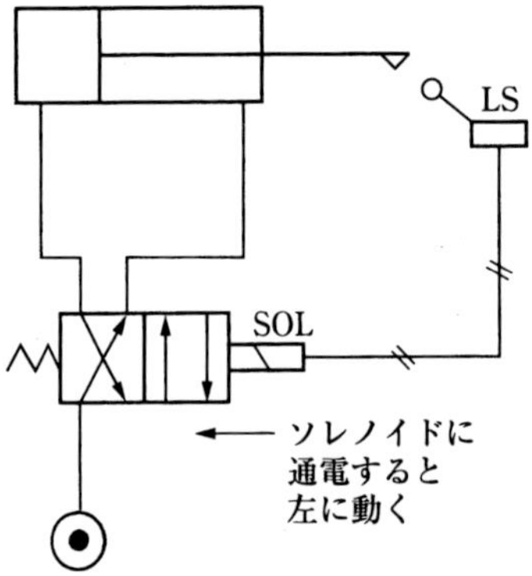

図 1·6　自己保持の油圧回路

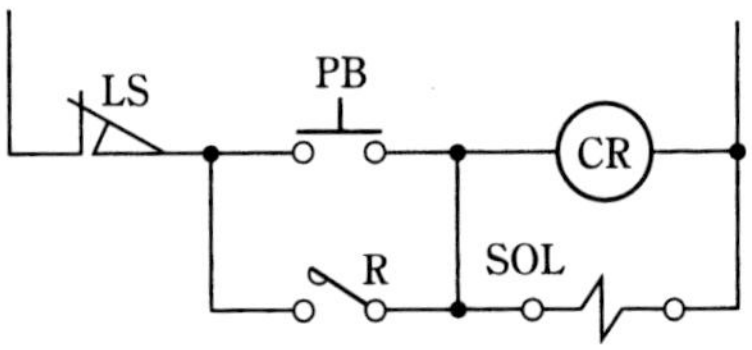

図 1·7　自己保持回路の応用

己保持されているから電磁切換弁のソレノイドの電流も継続しているため，シリンダは動作し続けます．

- シリンダが動作してリミットスイッチ LS に接触すると，電磁継電器のコイルの電流が切れるため，電磁継電器の接点 R が開き自己保持が外れます．自己保持が外れると同時に電磁切換弁のソレノイドの電流も切れるため，電磁切換弁の切換位置がスプリングの作用で左に切り換わってシリンダは逆方向に動作します.

d. インターロック回路（図 1·8）

電磁切換弁などの油圧機器を安全に運転させるために互いに干渉したり機械的に反対の動作を拘束し合う回路をインターロックといいます.

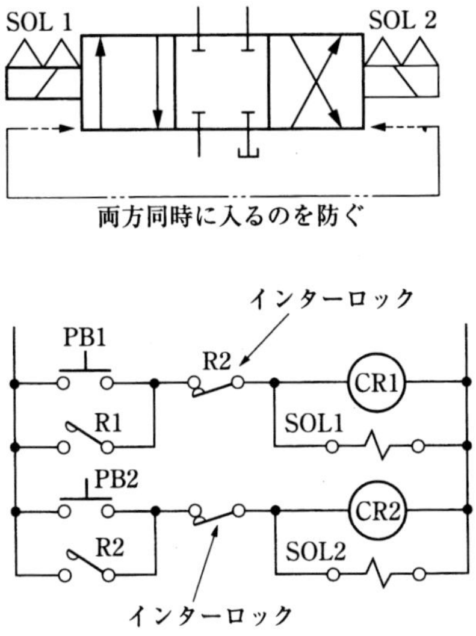

図 1·8　インターロック回路

- 電磁切換弁のソレノイド SOL 1·SOL 2 が両方同時に入るとソレノイドが焼損して，故障の原因となることを防ぐ回路です.
- 電気回路では SOL 1 のラインに CR 2 の B 接点 R 2 を入れて SOL 2 が入っているときは PB 1 を押しても SOL 1 に電流が流れないようにします.
- SOL 2 のラインに CR 1 の B 接点 R 1 を入れて SOL 1 が入っているときは，PB 2 を押しても SOL 2 に電気が流れないようにします.

e. 電動機（三相モータ）の起動回路（図 1·9）

電動機を起動する場合にはナイフスイッチ KS だけでも動きますが，モータ M に過大な負荷がかかり，過電流が流れて故障してしまうのを防ぐためにヒューズやオーバロードリレー付の電磁開閉器（マグネットスイッチ）を用います.

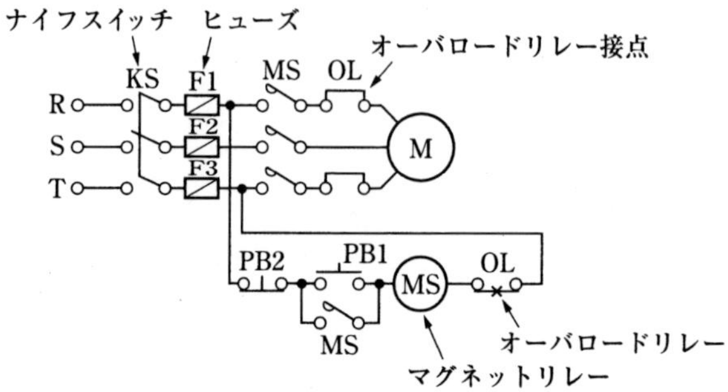

図1･9　電動機の起動回路

- 押しボタンPB1を押すとマグネットリレーMS1に電流が流れ，MS1が自己保持されると同時に電動機が始動します．
- 電動機に過負荷がかかるとオーバロードリレーが働き，オーバロードリレーの接点が開き電動機は停止します．
- 押しボタンPB2は電動機の回転停止用です．

f. 油圧ポンプ用電動機による工作機械の主軸電動機のインターロック

油圧を使用した工作機械では，主軸電動機を運転する前に油圧ポンプ用電動機を運転しておかなければならないので，図1･8のようなインターロック回路を使います．

図1･10に油圧ポンプ用電動機と主軸電動機の駆動回路を示します．

- 押しボタンPB3は主軸電動機M2の起動用ですが，油圧ポンプ用電動機M1のマグネットスイッチMS1の接点が閉じていなければ主軸用電動機のマグネットスイッチMS2に電流が流れないので，主軸用電動機が始動しない回路になっています．

(2)　電気制御のトラブル事例

油圧に使用する油圧ポンプ用電動機と，方向制御用のソレノイドの電気制御の異常発見の判断ポイントとトラブル事例について述べます．

a. 電気制御の異常発見のポイント（設備機械の場合）

①　設備の動きからの判断ポイント

- 設備の停止状態の位置，状況を調べます．

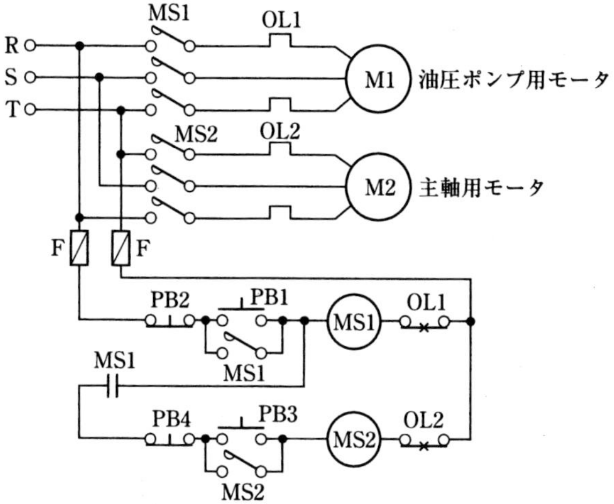

図 1·10　油圧ポンプ用電動機と主軸電動機の起動

- 電気回路の条件ができているか状況を調べます.
- 何らかの引っ掛かりでチョコ停していないか調べます.

② 故障表示からの判断ポイント

- 設備の異常信号，電動機のサーマル（過負荷）等の表示から故障の調査をします.

③ 直接，電気制御部品を見る判断ポイント

- 電動機の発熱，臭い
- 計測器などの取り付けゆるみ
- 電源のトリップ（遮断）のチェック

④ 異常，劣化の状態を計器で測定する判断ポイント

- 絶縁抵抗器で絶縁抵抗の測定により調査します.
- テスタで断線のチェックをします.

b. 電動機と方向切換弁のトラブル事例

電気制御の異常発見の判断ポイントを実行して，トラブルに対応した事例について説明します.

①　トラブル事例1－三相モータが回転しない

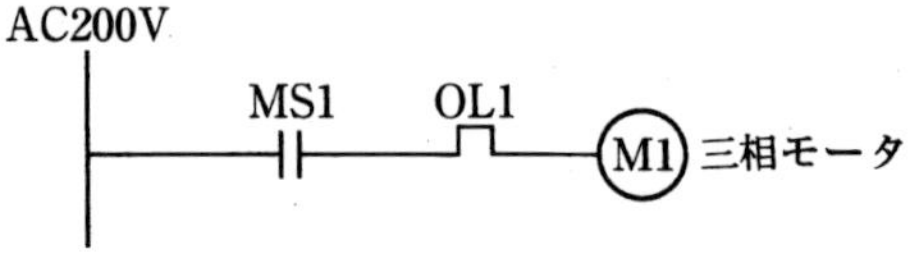

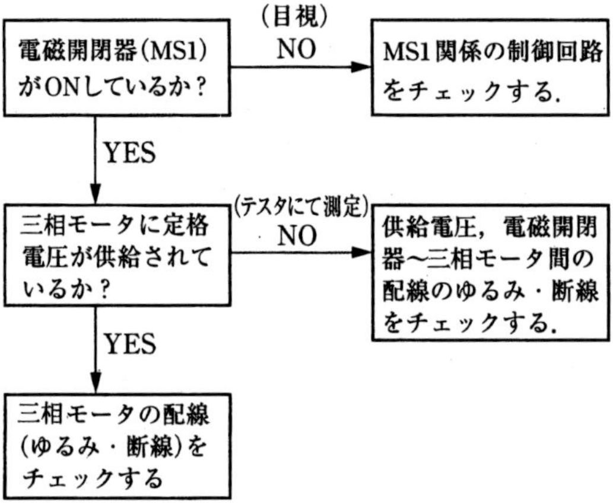

＜考えられる要因＞（判断ポイント）

- 主配線用遮断器のトリップ（過電流）
- サーマルリレーのトリップ（過負荷）
- 配線のゆるみ・断線
- 電磁開閉器の故障

②　トラブル事例2－電磁切換弁がON しない

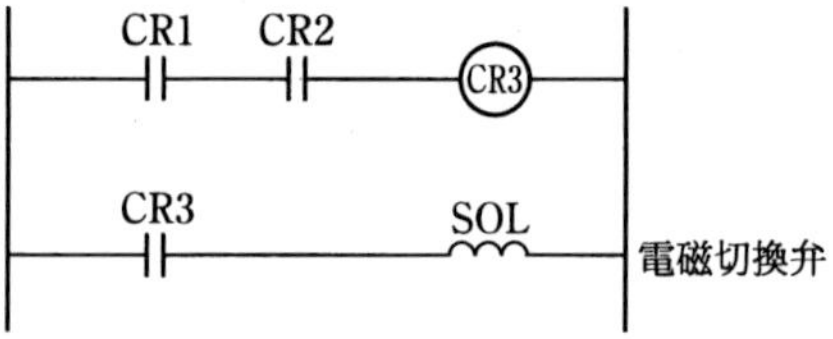

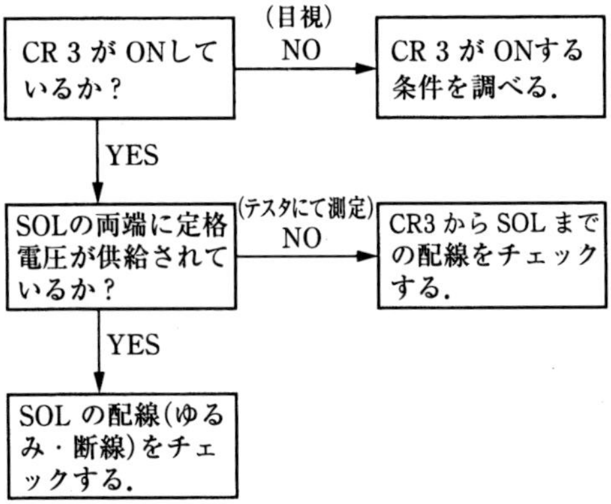

＜考えられる要因＞（判断ポイント）

- リレー（CR 3）の故障
- 配線のゆるみ・断線

1・3　油圧に関する予防保全（PM）

予防保全（Preventive Maintenance）は故障してから修理するよりも，故障しないうちに修理したほうが経済的であることを狙ったものです．

(1) 油圧システムの保守管理

油圧システム（電動機－油圧装置－アクチュエータの構成）が機械的エネルギーを生み出すとき

① 電動機から油圧ポンプに出力が伝わらない ➡ 油圧ポンプが油を汲まなくなった．

② 油圧装置により発生するエネルギ（圧力・流量）が不満足 ➡ 必要な力や速度が出なくなり，油の温度上昇や異常騒音が発生し始めた．

③ アクチュエータから発生する機械的エネルギおよび動きの制御が条件通りでない ➡ 機械装置で目標通りの製品を作り込めない．

などの故障を起こす前に防ぐのが保守管理の基本です．

このような故障が突然発生するのはまれです．故障の前には必ず，何らかの前ぶれがあります．この前ぶれを事前にとらえるのが「点検」です．

そのために進めることは

① 清掃は点検なり ➡ まず，油漏れをなくすことです．

[注意点]・電動機駆動時の油漏れはタンク内の油が空になる恐れがあります．

・電動機停止時の油漏れは油圧装置内に空気が混入して致命的故障（制御不能）になります．

② 点検は不具合の発見なり ➡ 油洩れ，圧力計不良，配管のクランプ不良は目で見る点検で直せます．

[注意点] 不具合が発生した油圧機器の取付けボルトを外し，6か月以上使用後のOリング取付け箇所を取り外す場合は新しいOリングを準備していないと取付け後，油洩れが発生します．（Oリングのシール性不良）

③ 故障は復元または改善するものなり ➡ 故障したものは直す大変さがわかり，ここから予防保全の意識が大切であることに気がつきます．

以上が油圧に関するPM活動としての始まりです．

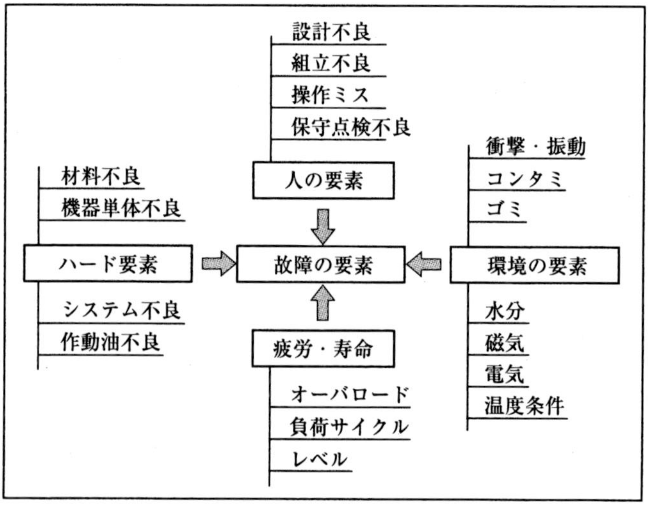

図1·11　油圧システム*の故障の要素

*　油圧システム：油圧源（タンク・ポンプ・電動機など）・油圧機器・アクチュエータまでを構成した総称をいいます．

まず，故障の要素について考えてみましょう．**図 1･11** は油圧システムの故障の要素を表しています．この中で，もっとも大きな要素として「人の要素」をとりあげて説明します．

(2)　設計不良と設計の安全

a.　設計不良でよく起こること

まず，圧力により動作する力の設定です．動作する力＝ポンプ設定圧力では，アクチュエータにかかる負荷と圧力がバランスしている状態のため，アクチュエータは動きません．➡ 圧力設定の設計不良

定容量形ポンプ使用時は圧力オーバライド，可変容量形ポンプ使用時は P-Q 特性から設定圧力でなく動作する圧力（クラッキング圧力）* を求めます．

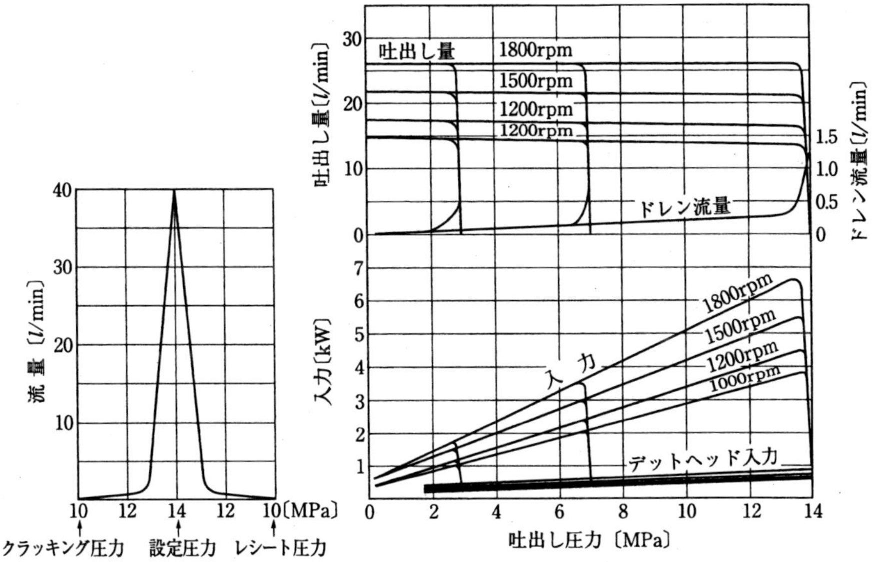

（a）定容量形ポンプ使用時の圧力オーバライド特性　　（b）可変容量形ポンプ使用時の P-Q 特性

図 1･12　圧力オーバライド特性と P-Q 特性

*　クラッキング圧力：圧力制御弁（リリーフ弁）の閉じた弁（全閉）状態から弁が開き始めたときの圧力です．

次に流量による速度の設定です．ストローク間の所要時間から算出した計算の流量では目的の速度は出ません．➡ 流量設定の設計不良

流量の決定は停止状態からスタートしてからの計算が必要です．

b. 設計の安全でよく起こること

まず，動作する力の選定にミスがないための安全から電動機 1〜2 ランク上の出力を選定したために装置のショックが大きく，ボルトの緩み，配管類の緩みで故障に発展して危険な状態になります．

出力選定は (圧力×1. 15)×(流量×1. 2) を目安にして電動機の入力を決定します．

(3)　配管類の接続不良 (組立不良)

配管，ゴムホースと油圧機器の接続不良から作動油の噴出しなど故障が発生します．

配管，ゴムホースと油圧機器の接続にはガスケット結合，ねじ結合，フランジ結合があります．

a. ガスケット結合 (図 1·13)

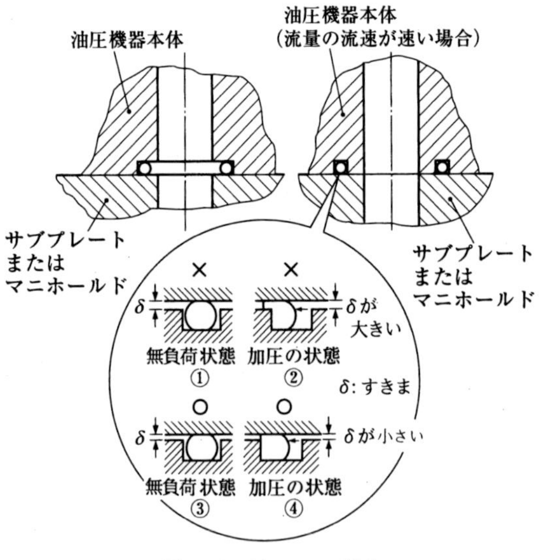

図 1·13　ガスケット結合

配管，ゴムホースと油圧機器との間にサブプレート[*1]またはマニホールドが介在し，その接続部の油洩れはＯリングでシールします．半年以上経過してから接続部のＯリングを剥がして，そのまま組みつけるとガスケット面から油漏れをしますので注意が必要です．

年月の経った油圧機器を取り外すとＯリングのつぶし代[*2]がなくなり，シール性がなくなりますので注意が必要です．

b.　ねじ結合（図1·14）

油圧機器にメスのテーパねじを設け，配管継手と接続します．シールはシールテープを使用します．

通常，10 MPa以下で使用するとき，振動などによる緩みは少なく油漏れは起こりにくい状態です．また，1¼インチ以上の継手の使用は増締め効果がないため，大きな継手の場合は5 MPa以下での使用が無難であり，5 MPa以上の場合はフランジ結合を使用します．

シールテープは巻き方が悪いと管路内に入り，油圧機器の作動不良につながります．必ず，巻き方マニュアルでのチェックが必要です．

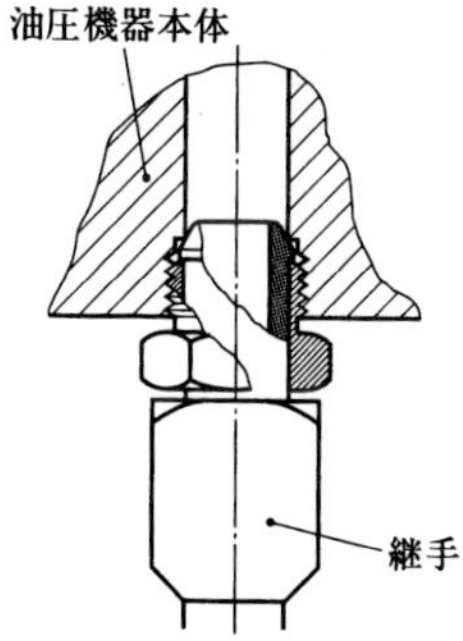

図1·14　ねじ結合

c.　フランジ結合（図1·15）

高圧仕様（一般的には25 MPa以上をいいます）の配管施工に最適です．フランジ面はＯリングを使用します．

高圧仕様のため振動が多く，配管をクランプしたとき，注意しないと溶接部

＊1　サブプレート：油圧機器を単体で取り付けるブロックで機器間の配管・ゴムホースを接続（ねじおよび溶接結合）する金属材料（鋳物）です．

＊2　つぶし代：Ｏリングを金属間（機器とサブプレート間）に装着の際，機器側にＯリングを装着後，サブプレート間でつぶし，シール効果を持たせた状態をいいます．

に亀裂を生じ，油漏れの原因になります．極力，振動源の違うものが合流する所は最適なクランプをする必要があります．

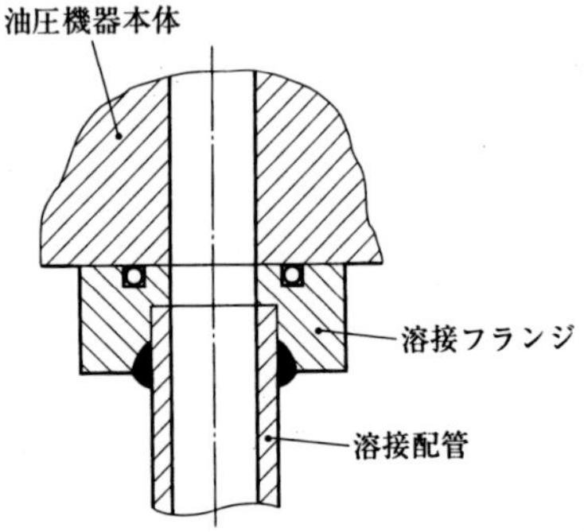

図1·15　フランジ結合

(4)　保守点検不良

点検を怠ると油圧システムとして効率の悪い動作，故障が起こりやすくなります．特に作動油の日常の保守管理は最も大切です．

a.　作動油の管理点検項目

①　油圧ポンプの運転粘度範囲を把握して使用します（**表1·3**）．

作動油の温度と粘度は，実際に使用する油の粘度－温度線図で確認します（**図1·16**）．

表1·3　油圧ポンプの運転粘度範囲

単位：cSt

油圧ポンプの形式	運転粘度範囲	
	5 〜 40℃	40 〜 80℃
ベーン ポンプ　7 MPa 以下	30 〜 49	43 〜 77
ベーン ポンプ　7 MPa 以下	50 〜 70	63 〜 99
ギヤ ポンプ	30 〜 70	110 〜 154
ピストン ポンプ	33 〜 70	

単位：cSt

ポンプ形式 / 粘度〔cSt〕	ベーンポンプ	ギヤ ポンプ		ピストン ポンプ		スクリューポンプ
		すべり軸受	ころがり軸受	すべりバルブ	板バルブ	
最低粘度	20	25	16	16	12	25
適正粘度	25	25	20	30	20	75
最高粘度	850	850	850	500	200	500

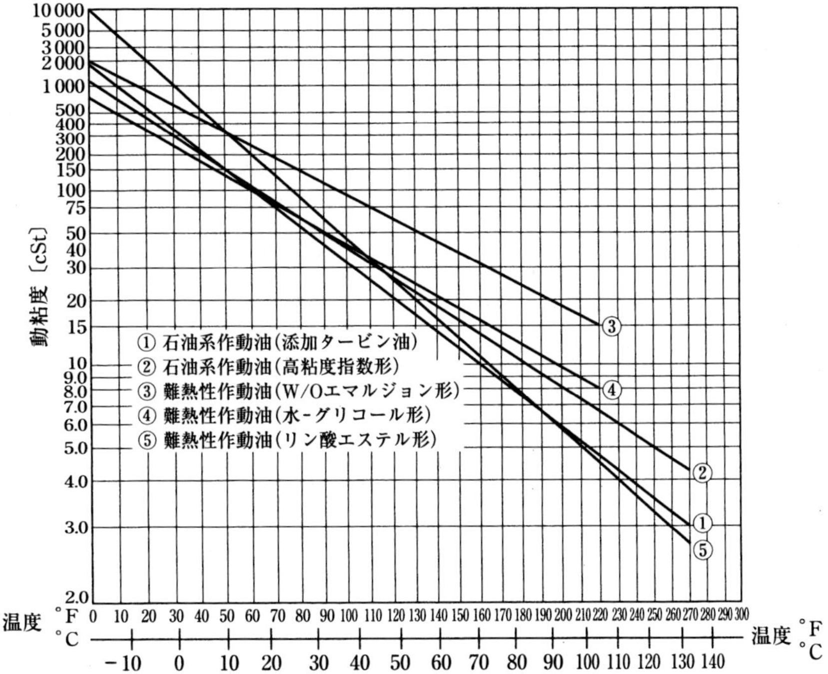

	低粘度油	高粘度油
油膜の形成		○
摩擦に抗する力		○
漏れ		○
圧力損失	○	
作動感度	○	
空洞現象	○	
低温起動	○	

○：有利

図 1·16　油の粘度－温度線図

②　作動油の汚染度は常に点検が必要で，油圧装置の汚染度管理は**表 1·4** に示す通りです．また，点検のポイントは

変色：水（水分 0.1%以上）や空気が油に混入すると白濁し，劣化が進むと作動油が変色してきます．

臭気：作動油の温度変動が大きく高油温（60℃以上）で使用すると作動油の劣化が進み，作動油の焦げた臭いがします．

表1·4　作動油の初期性状後の点検とその検討項目および処置

要因		点検項目	検討項目および処置
外的	金属粉	体感	• 作動油
（混入）	砂	色相，臭，騒音，振動	耐摩耗性，消泡性，水分離性，含水率
	繊維	発熱	• フラッシング，フィルトレーション
	シール片	性状分析（作動油）	（メッシュ，容量，圧力損失，洗浄，
	水	粘度・粘度指数	交換）
	空気	酸化，水分	• 油交換時期
	塗料片	清浄度（カウント法，質量法）	• 機器内部部品点検
			（摩耗，発錆，破損，キャビテーション*，腐食）
内的	摩耗粉	装置	シール交換
（発生）	水	配管，油漏れ，シール	芯出し
	空気	錆，スケール，空気抜き	配管抵抗，油漏れ（増締め，ボルト締め
	錆	塗料，異常高温	直し）
	スラッジ	油面変化，環境	タンク清掃
		性能（圧力，速度）	油面チェック

異物の混入：微小な鋳物屑や鉄粉の混入により作動油の劣化が加速します．

以上より設備や装置の信頼性を確保するには点検，整備をしなければなりません．その結果，設備や装置の運転時間の経過による経年変化の排除により予防保全（PM）の目的を達成します．故障発生の回数を運転時間軸からみると，設備や装置の稼働の立上り時に多く，初期時に調整が完全であれば，あとは経年変化での故障対策をすればよいのです．

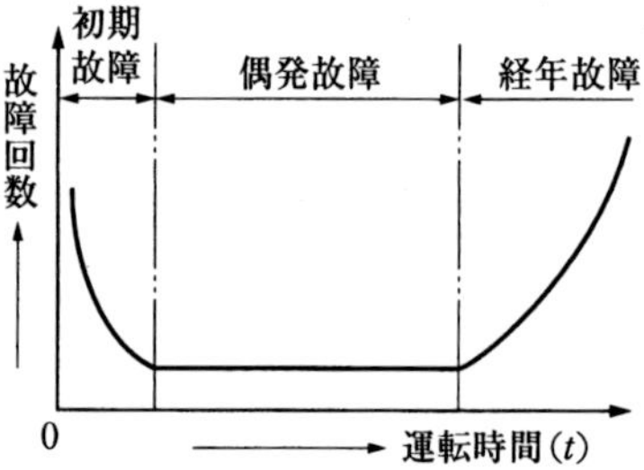

図1·17　油圧装置の故障パターン

図1·17に油圧装置の故障パターンと，**表1·5**に油圧装置の経年変化による故障原因とその処置を示します．

*　キャビテーション：油圧ポンプの吸込み側の負圧が高くなり，油の中に溶けている空気が抽出して，吐出し側へ移動の過程でその空気が圧縮→開放の際に発生するエネルギ（衝撃圧）．

表 1·5　油圧装置の経年変化による故障原因とその処置

修理対象	故障原因	変化要因	処置	
			測定，点検，対策	限界時
作動油	1. 作動油の汚染	・清浄度低下 ・スラッジ発生 ・耐摩耗性低下 ・フィルタ目詰り	定期清浄後測定 清掃（タンクフィルタ） エレメント洗浄 圧力損失点検	作動油交換 フィルタ交換 フラッシング
	2. 作動油性状変化	・動粘度 ・粘度指数 ・水分混入 ・空気混入	定期性状分析 キャビテーション 吸込圧力	作動油交換
	3. 機器部品の摩耗，疲労，破損	・寸法変化による内部リーク増加 ・フローフォース ・ハイドロリックロック ・かじり ・ドレン背圧	騒音測定（異常音） アクチュエータ速度測定 異常振動 発熱	オーバホール （部品交換）
油圧機器および付属品	1. シール，パッキンの経年劣化	・硬化 ・膨潤	同左 （適合性点検）	オーバホール （交換）
	2. 金属の化学反応（腐食）	・溶解 ・分解 ・発錆 ・破損 ・ピッチング（キャビテーション）	分解点検 （適合性点検）	オーバホール （交換）
装置系	1. 振動，衝撃，騒音	・取付寸法 （芯ずれ ボルトゆるみ ねじゆるみ 脱落） ・設定値変化 （ねじゆるみ 脱落 断線 絶縁不良 アキュムレータガス圧力不良）	再調整 （摩耗部分点検） 再設定	オーバホール （交換） 破損品交換
	2. 油漏れ	・油面低下 ・ねじのゆるみ ・空気混入	油補充 シール部点検	オーバホール （配管系）
その他（計器類校正）	1. 操作ミス（スペック誤認） 2. 停電，酷寒，酷暑 3. 環境変化（輸出等）	・その後の修理で仕様変更がないか ・気温 ・外国規格対応	機械運転仕様再点検	圧力計校正，交換 回転計校正，交換 油温計校正，交換 油面計校正，交換 圧力スイッチ校正，交換

1・4　油圧の省エネ対策・安全対策

(1)　油圧の省エネ対策

一般的に仕事をしない動力源は停止しているのが当たり前です．しかし，油圧ポンプは回転しているのにアクチュエータが機械的動作をしていないときがあります．これは電力的に無駄なエネルギです．

では，なぜ仕事をしていないのに油圧ポンプを回転させることについては

① 数種類のアクチュエータの順次（シーケンス）動作間の時間が短い場合，電動機をON-OFFしたときの起動電流が大きく，仕事をしていないときでも油圧ポンプを回転した方が省エネになる場合があります．

② 油圧の特徴であるクランプなどで常に荷重をかけておく必要があるときは常時，電動機（AC電源）を回転します．

このとき，電力値をいかに低くするかが課題であり，回路構成によっては可変容量形ポンプを選定するか，定容量形ポンプとアキュムレータ*を選定し，電動機のON-OFF制御により省エネ効果をもたらします．

(2)　油圧の安全・騒音対策

設備・機械に使用される油圧システムが突発といえども停止という事態を招かないようにするのが予防保全（PM）としての対応です．不幸にも故障が発生した場合のことまで念頭において，その対応を考えておく必要があります．

その基本的対応としては

① **速度停止時の対応**

回路のミス，油圧機器の故障，油漏れ，操作誤りがあった場合でもアクチュエータは停止状態になるような回路構成にしておくのが安全な対応です．

② **落下防止時の対応**

昇降ストロークの長い運搬装置の落下防止として必ず，落下防止用の油圧機器（パイロットチェック弁）または機械的ロック装置を取り付け，危

---

* アキュムレータ：油圧ポンプによって発生した圧力を容器内で窒素ガスまたはスプリングの圧縮変換で蓄圧し，回路内の油蓄圧，脈動防止時に使用するものです．

険な状態を避けるようにします．

③　衝撃（ショック）防止時の対応

慣性力，荷重の急激な変化，脈動，外部からの衝撃，振動（騒音の原因)，高速（10 m/min 以上）を想定して減衰効果のある油圧機器（電磁操作ブレーキ弁，比例電磁弁，サーボ弁）またはアキュムレータを使用する必要があります．油圧シリンダのクッション効果はシリンダ速度 6 m/min から減速効果があると考えて下さい．

④　停電時の対応

停電のときにはまず，動作しているアクチュエータは現位置で停止することが必要です．停電で油圧の供給が停止した設備や機械で発生していた加圧力を維持するときは，油圧回路内にアキュムレータまたは手動ポンプを取り付ける必要があります．

⑤　環境対応

環境，健康管理，油圧機器の保全面から工場騒音は油圧システムに限らず，その他の騒音源との合成音として考える必要があります．

i）油圧要素機器の騒音（特に油圧ポンプ）は油圧装置にまとめた場合，＋10～＋15 dB（A）の騒音値が加算されます．

ii）1 m 以内の同じ騒音値が 2 台の場合，合成音として＋3 dB（A）加算されます．また，2 台の騒音値の差が 10 dB（A）あれば騒音値の高い方になります．

表 1•6 に 2 つ以上の異なる騒音値の合成値を求める方法を示します．

表1·6　2つ以上の異なる騒音値(dB)の合成値

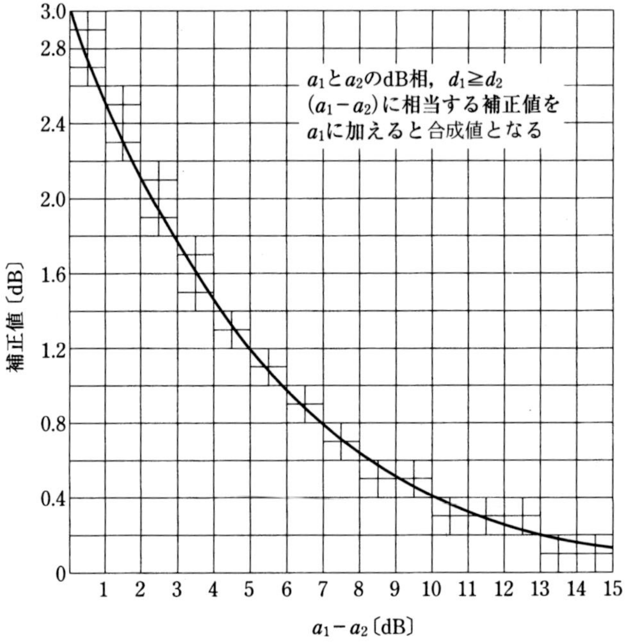

［例］　87 dB (A)* と 81 dB (A) の合成値の求め方

87−81 ＝ 6 dB (A)

表より横軸 6 の所を見ると

補正値 ≒ 1 dB (A)

これより 87＋1 ＝ 88 dB (A)：合成値

［例］　89 dB (A)，89 dB (A)，83 dB (A) の合成値の求め方

89−89 ＝ 0 dB (A)

表より横軸 0 の所を見ると

補正値 ＝ 3 dB (A)

これより 89＋3 ＝ 92 dB (A)．次に

92−83 ＝ 9 dB (A)

表より横軸 9 の所を見ると

補正値 ＝ 0.5 dB (A)

これより 92＋0.5 ＝ 92.5 dB (A)：合成値

*　89 dB (A)：A スケールで測定した騒音値.

第2章　油圧の基礎

2・1　油圧利用の基礎知識

小さなエネルギ（主に電動機）で密閉した容器に発生させた圧油を機械的エネルギに置き換えるのがアクチュエータです．そのアクチュエータの仕事の大きさ，速さ，方向を決めて，実務に展開する際の注意することについて述べます．

(1)　仕事の大きさ

仕事の大きさは電動機の出力により，油圧ポンプ内の小さな吐出し面積と発生する圧力で決定します．

ここで注意する点は，アクチュエータを動作させる圧力を決定する場合は，圧力制御弁の圧力オーバライドの知識が必要です（**図2・1**）．

知識がないまま圧力を決定するとアクチュエータが動かないという故障につながります．この故障の処理は今までの経験で圧力制御弁の圧力を高く調整して動くようにしていましたが，その際，別の故障が発生しました．

この故障の原因は

①　作動油の温度が上昇し，夏場，油の焼けたような臭いがしてきます．

［状況］　作動油の温度が60℃以上になっています．

［原因］　圧力を設定値より高く調整しました．つまり，圧油をタンクへ戻すときの発熱量がタンクからの放熱作用より大きくなり，タンク内の油温が上昇しました．

［対策］　圧力上昇の原因をまず，追求する必要があります．設備や装置に障害物が発生し，圧力が上昇しないと動かない場合がほとんどで，

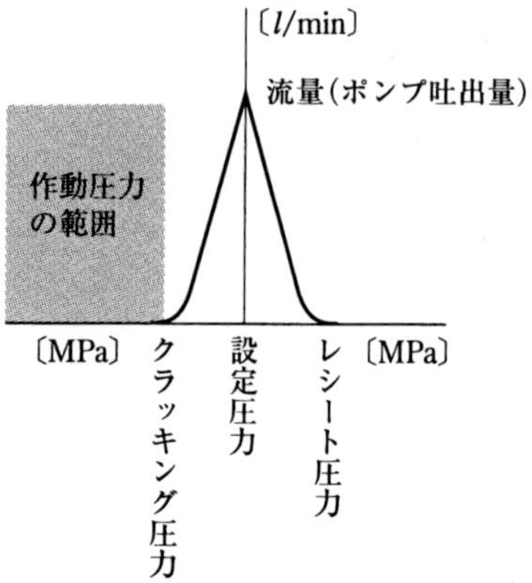

・アクチュエータの動作は作動圧力で推力を出します．
・アクチュエータでの押え（クランプ等）は設定圧力で力（クランプ力）を出します．

図2･1　圧力制御弁の圧力オーバライド特性

設備や装置の修理を考える必要があります．その対策はまず圧力調整（上昇）して動かします．次に元の圧力に戻します．これで正常であればよいのですが，もし，動かないときは設備や装置のほうの点検が必要です．

② 冬場，電動機の起動ボタンを押すとサーマルが飛び，リセットし直して再度押すと電動機が起動したという現象が起こりました．

［状況］ 油圧ポンプの吸込み圧の上昇のため電動機の出力不足が発生しました．

［原因］ 油圧ポンプの吸込み圧が，作動油の粘度の変化分だけ電動機の出力を増加させました．

［対策］ 低温（冬場）時に発生し，電動機の出力は油圧ポンプの圧力と流量に比例しますので，始動時は圧力をアンロード状態（定容量形ポンプ）から行うか，吐出し量をカットした状態（可変容量形ポンプ）から行います．

③ 圧力を上昇させる前には起きなかったアクチュエータ始動時と停止時にショックが発生するようになりました（**図2･2**）．

［状況］ 油圧シリンダの始動，停止時のショックで，設備や装置が壊れました．

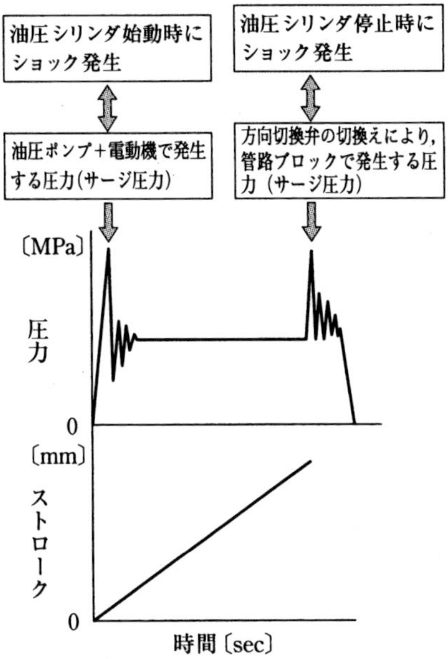

図 2･2　油圧シリンダの動作に伴う油圧装置内のサージ圧力およびショック

［原因］　油圧装置内は電動機出力の 200％程度に相当する圧力まで上昇（サージ圧力）し，この圧力が油圧シリンダを通じて設備や装置にショックを与えました．

［対策］　ショックを伝えたくない設備や装置は減圧弁を取り付けて，油圧ポンプの設定圧力以上にならないようにするか，電流制御などによる加減速制御にて対応します．

(2)　仕事の速さ

仕事の速さは電動機の出力と油圧ポンプの小さな容積で発生する流量から決定します（**図 2･3**）．

ここで注意することは，アクチュエータのストロークと時間から流量を選定する場合，停止状態から動き始める認識がないまま流量を決定すると，アクチュエータのストロークが決められた時間内に入らないという結果になります．

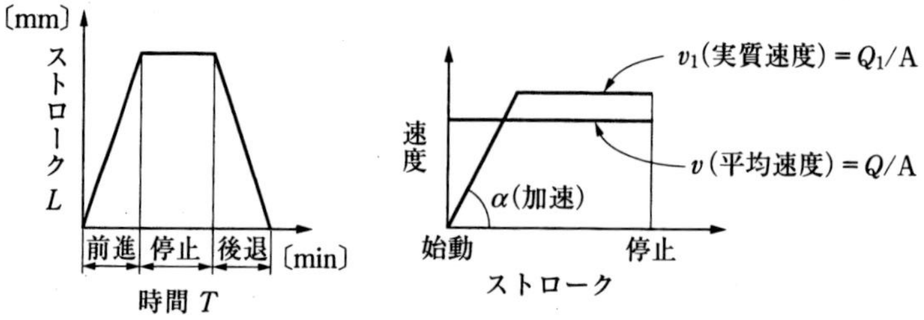

［油圧シリンダの場合］
一般的に　$Q = Av$
ここで，Q：流量
A：シリンダ面積
v：シリンダ速度
より求めます．

⇨

このときの速度 v は平均速度であり，
簡易流量計算として求める場合は
v =(平均速度)×1.2= v_1 (速度)
として始動時の加速分を考慮した計算で実流量を求めます．
$Q_1 > Q$
(ここから減速によるショック防止対応が必要です．)

図 2·3　アクチュエータの速度の求め方

①　流量不足と判断して油圧ポンプの流量を増加するため，油圧ポンプを取り換えたところ，油温上昇の不具合が発生しました．

［原因］　油圧ポンプの流量を増加しても，作動力不足のため流量はリリーフ弁からタンクに逃げて，油温上昇の原因となりました．

［対策］　作動圧力をしっかり決めてから流量を選定するようにします．油温上昇は圧力と流量に比例しますので，圧力と流量はリリーフさせるのでなく有効な仕事として使用することが大切です．

②　2本同時動作のアクチュエータの速度を制御できなくなりました．

［原因］　アクチュエータのポート口に取り付けた絞り弁の制御を無負荷時に制御（空運転時の速度制御）して，負荷状態で動かしたため2本以上のアクチュエータの動作時間に差が発生しました．

［対策］　絞り弁は絞り前後の圧力差が変化すると流量も変化し，つまり，流量の調整は負荷がかかったときに調整します．アクチュエータにかかる負荷が変化すると速度も変化することになります．

(3)　仕事の方向

仕事の方向は方向制御弁により決定します．

ここでアクチュエータの停止位置，前進・後退，上昇・下降，回転・逆転は方向切換弁で行い，停止位置の保持はパイロットチェック弁で行います（図

2·4)．また，速度制御，位置制御は電流制御弁，サーボ弁などを使用します(**図 2·5**)．

(1)　方向切換弁で停止位置を決めた場合

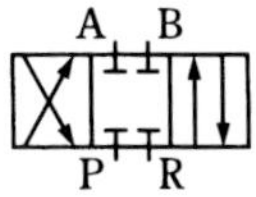

タイプ：油圧シリンダ使用の場合，自走する恐れがある

タイプ：アクチュエータの駆動部に外力が働くと動く

以上のように停止位置は方向切換弁では難しい．

(2)　パイロットチェック弁で停止位置を決めた場合

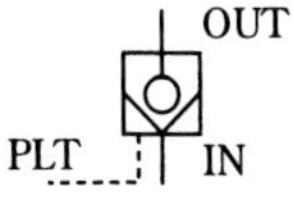

タイプ：中間停止など，停止精度のあるものに使用する

PLT：パイロットの略字で弁を動かす名称です．

図 2·4　アクチュエータの停止位置

仕事の大きさ，速さ，方向を決める油圧要素機器の知識の必要性を説明しましたが，実際に適正な動作のためには付属機器，付属品，配管・ゴムホース・継手の大切さも認識することが必要です．

表 2·1 に付属機器，付属品，配管（ゴムホース，継手）の種類を示します．

表 2·1　付属機器，付属品，配管（ゴムホース，継手）の種類

(a) 付属機器の種類

- 付属機器
  - 油タンク
  - フィルタ
  - アキュムレータ
  - クーラ
  - エアブリーザ
  - 圧力計

(b) 付属品の種類

- 付属品
  - シール
  - スプリング

(c) 配管（ゴムホース，継手）の種類

- 油圧機器の接続部
  - 配管の種類
    - 金属管
      - ガス管
      - 配管用鋼管
      - アルミニウム管
      - ステンレス管
    - 非金属管
      - ゴムホース
  - 配管継手方式
    - 配管方式
      - ねじ込み形継手配管
      - さし込み溶接形継手配管
      - 食込み継手配管
      - フレア形継手配管
    - 継手方式
      - 着脱可能
        - フレア形
        - 食込み形
        - ガスケット形
      - 着脱不可
        - 溶接形

(1)　電流制御方向流量調整弁は油圧装置の流量を電気的な設定により連続的に遠隔操作を行うことができます.

・基本的に油圧機器の応用設計のため，保守管理が簡単

・サーボ弁ほどの精度を要求されないときに使用，サーボ弁よりも安価です.

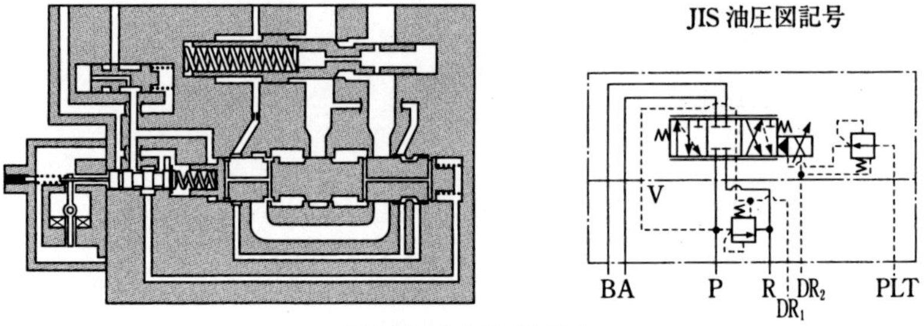

電流制御方向流量調整弁

(2)　サーボ弁およびサーボポンプは物体の位置・方向・姿勢などを連続的に遠隔操作して目標値の任意の変化に追従するように構成された制御弁およびポンプです.

・フィードバック制御です.

・入力の小さなエネルギをアクチュエータに導き，大きな機械力を取り出す増幅の作用をします.

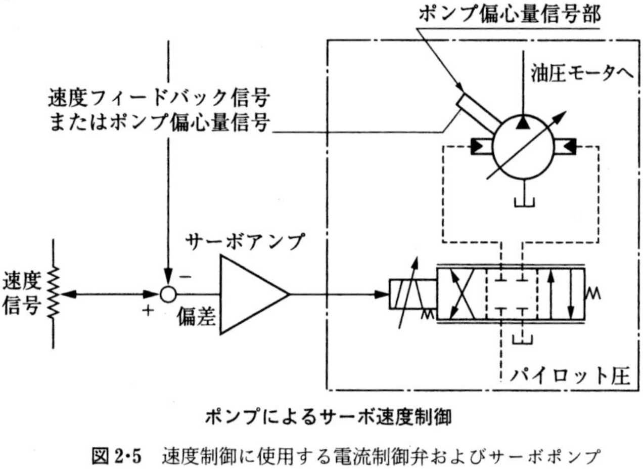

ポンプによるサーボ速度制御

図 2・5　速度制御に使用する電流制御弁およびサーボポンプ

以上より油圧要素機器および付属機器などの選び方，特徴への応用がわかってきたら，油圧回路の構成を次のように選択します.

(4)　油圧回路への油圧要素機器の構成

油圧回路は（油圧要素機器＋配管類の接続）によって構成されています. この構成の流れについて，タンクからアクチュエータまでについて述べます.

a．タンク（作動油の貯蔵）

図 2·6 に電動機＋油圧ポンプ（油圧源）を搭載したタンク事例を示します．

タンク事例（1）　タンク事例（2）

・タンク上面の油圧源　タンク内蔵の油圧源*

図 2·6　油圧源（可変容量形ポンプ使用）

- **フィルタ**（タンク内の油のゴミをろ過）……タンク内に内蔵したり，タンク上に取り付けます．

［接続］　配管（ガス管等低圧用）/配管口径は流量（吸込み流速＝0.7 m/s）に合わせ選択します．

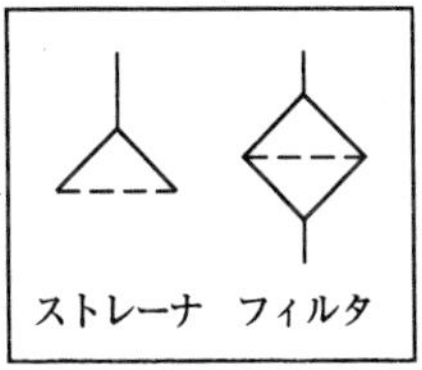

図 2·7　フィルタの油圧記号

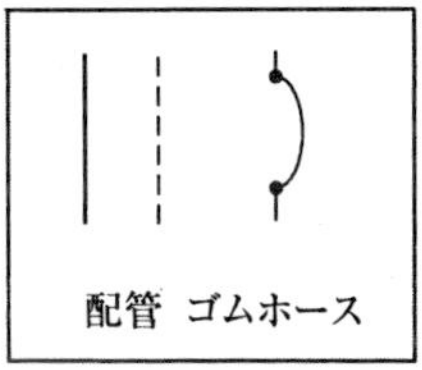

図 2·8　配管・ゴムホースの油圧記号

- **油圧ポンプ**……小さな力（面積）と小さな量（容積）＋電動機（小さなエネルギ）から構成しています．

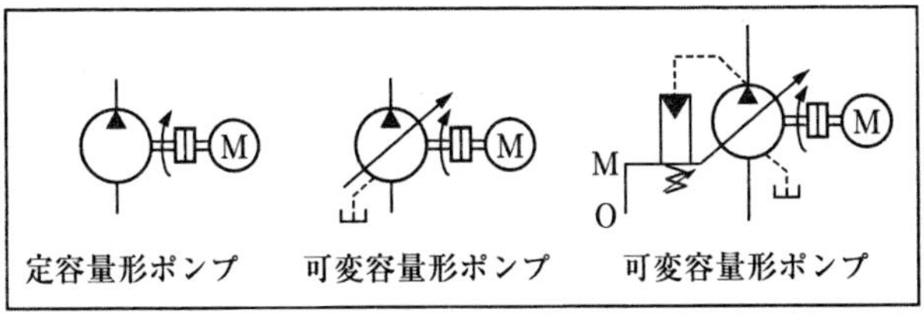

図 2·9　油圧ポンプの油圧記号

＊　タンク内蔵の油圧源：ポンプ，電動機をタンク内に装着したものです．

［接続］ 配管，ゴムホース（圧力に応じて低・中・高圧用を選択）/配管，ゴムホースの口径は流量（流速 = 3.5〜5 m/s）に合わせ選択します.

- **圧力機能**……定容量形ポンプの場合は圧力制御弁（リリーフ弁），可変容量形ポンプの場合は内蔵の圧力補償付きにより密閉容器内の圧力制御と安全（過負荷防止）を構成します.

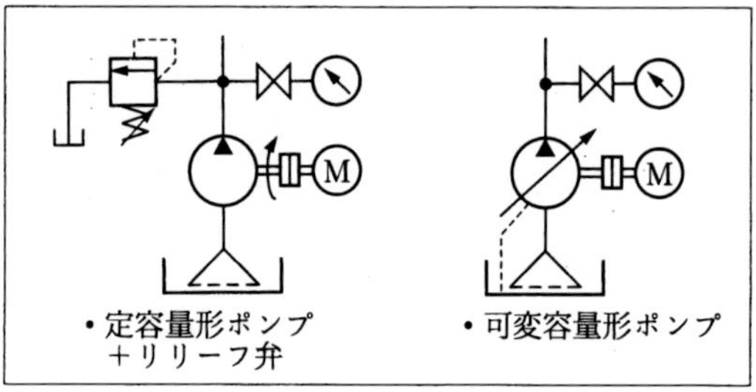

図 2・10　圧力機能を構成した油圧回路

［接続］ 配管/配管口径は流量（定格流量：内部抵抗が 0.3 MPa 以下）に合わせ選択します.

- **チェック弁**より油圧ポンプへの圧油の逆圧防止と回路内のパイロット圧力を保持するときも使用します.

図 2・11　チェック弁の油圧記号

［接続］ 配管/配管口径は流量（定格流量：内部抵抗＋クラッキング圧力）に合わせ選択します.

b. 油圧機器

図 2・12 に油圧機器の構成（事例：集積システム方式）を示します.

図 2・12　油圧機器構成（集積システム方式）

● **方向切換弁**（仕事の方向）

［接続］　配管・マニホールド/配管口径は流量（定格流量：内部抵抗が 0.3 MPa 以下，流速＝3.5〜5 m/s 相当，戻り流速が 1.5 m/s 相当）に合わせ選択します．

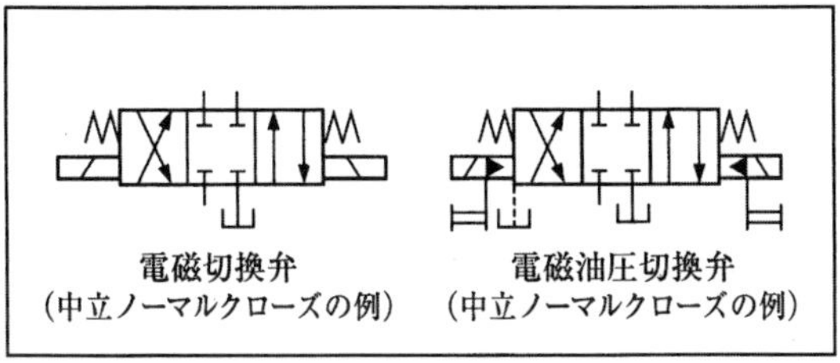

図 2・13　方向切換弁の油圧記号

● **絞り弁**（仕事の速さ）

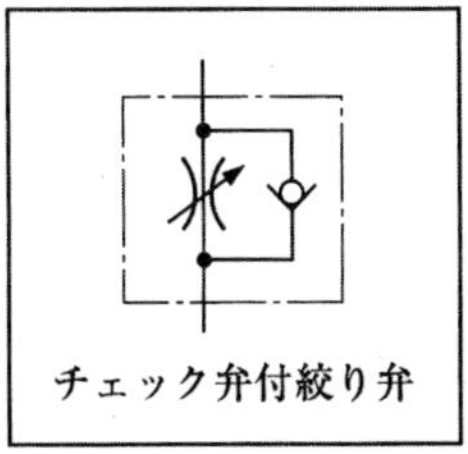

図 2・14　チェック弁付絞り弁の油圧記号

［接続］　配管・ゴムホース/配管口径は流量（絞り全開時の定格流量：内部抵抗が 0.3 Mpa 以下．ただし，流量調整弁は適用しません）に合わ

せ選択します.

C. **アクチュエータ**（仕事の大きさ）

図 2・15 にアクチュエータの例を示します.

(a) 油圧シリンダ

(b) 油圧モータ(ベーン)

(c) 揺動モータ

図 2・15　アクチュエータ

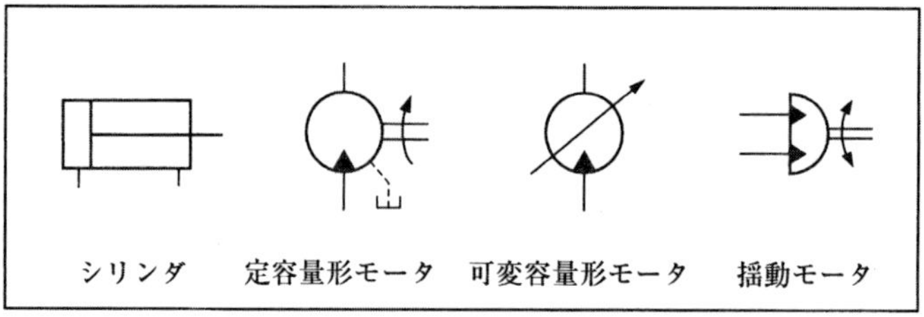

図 2・16　アクチュエータの油圧記号

［接続］ 配管・ゴムホース/配管口径はシリンダポート径に合わせ選択します.

以上のつながりを油圧記号にして**図 2・17** に示す油圧回路（上記は基本回路の事例）で構成します.

2・2　油圧回路構成の目的と主な計算

油圧を利用した設備や装置の仕事の大きさ，速さ，方向を決める油圧回路の構成およびその選択について述べましたが，次にその目的を知って利用する必要があります．利用するにあたり，主な計算を含めて説明します.

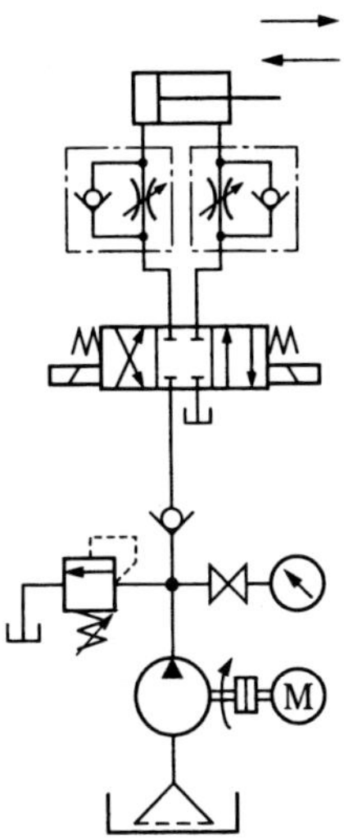

定容量形ポンプを使用した基本回路
（100 l/min 以下の場合）

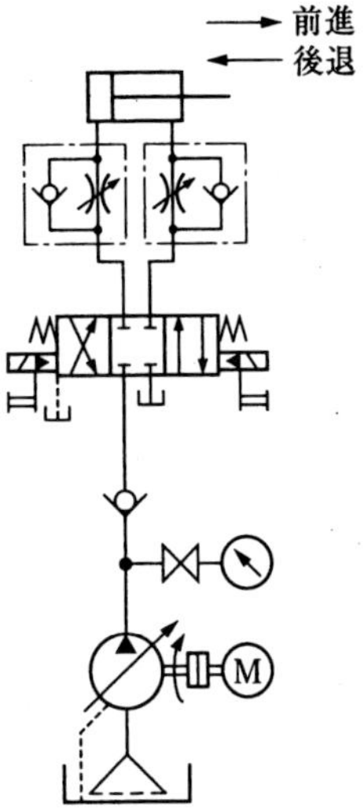

可変容量形ポンプを使用した基本回路
（100 l/min 以上の場合）

（注）流量の大小は定容量形ポンプ，可変容量形ポンプともに使用可です．

図 2・17　油圧回路（基本回路）

(1)　タンクの目的と主な計算

タンクの目的は

① タンク上に油圧要素機器を搭載できます．

② 油圧ポンプへの作動油の吸込み，吐出し作用をするための貯蔵場所

③ アクチュエータからの戻り油の回収および油圧ポンプ，油圧機器のドレン量の回収をして貯蔵する場所

④ フィルタを装着して作動油を清浄

⑤ タンクにエアブリーザを取り付け作動油劣化防止（タンク内酸素供給）

等があります．

タンクの表面積は作動油の温度上昇を適正な温度（油温 40℃以下）に抑えることと，作動油に酸素を供給し劣化を防ぐのが主目的です．また，タンクの表面積が作動油の温度上昇分*を放熱する効果があり，適正な油温にするため，

* 作動油の温度上昇分：油圧回路内で発生した温度上昇をいい，油温は室温を加えた値をいいます．

タンクの大きさが決まります.

このことから，タンクの表面に塗装などを追加すると保温効果となり，温度上昇の原因になります.

ここでタンク内の作動油の温度上昇分の計算式を**表 2･2** に述べます.

表 2･2　作動油の温度上昇計算

- 総発熱量　　　　　: H〔kcal/h〕
- タンクの温度上昇分 : θ〔℃〕
- タンク表面積　　　: F〔m^2〕
- 熱伝達率　　　　　: K〔kcal/m^2･h･℃〕

$$\theta = \frac{H}{K \times F}$$

タンク容量〔l〕	40	63	100	160	250	400	630
表面積 F〔m^2〕	1.88	2.31	2.94	3.56	4.36	6.08	8.35
熱伝達率 K〔kcal/m^2･h･℃〕	11.5	11.5	10	10	9	8	7

- ある時間ポンプを駆動した場合の温度上昇

時間ごとの温度上昇 : θ_1〔℃〕

温度上昇係数 : k　　　　$\theta_1 = k \times \theta$

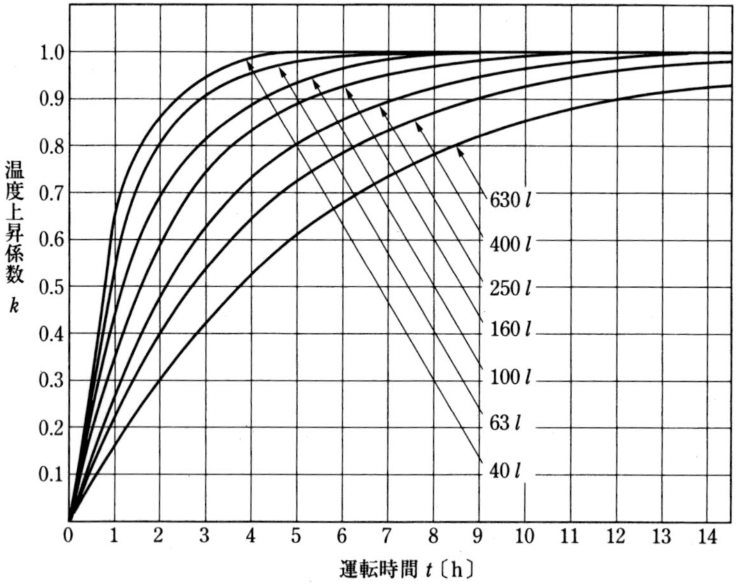

もし，環境（例えば，鋳造工場などの油圧装置の設置など）や油圧タンク設置スペースが制限された場所の温度上昇にはクーラ（冷却器）を使用します．その計算式を次に述べます．

＜水冷クーラ*の容量計算＞

① 交換熱量 H〔kcal/h〕は

$$H = K \times A \times \Delta t_m = (T_1 - T_2) \times c_t \times W_t$$
$$= (t_2 - t_1) \times c_s \times W_s$$

ここで

$$W_t = Q_t \times \rho_t \times 10^{-3} \times 60 \text{〔kg/h〕}$$
$$W_s = Q_s \times \rho_s \times 10^{-3} \times 60 \text{〔kg/h〕}$$

② 平均温度差 Δt_m〔℃〕は

$$\frac{T_1 - t_2}{T_2 - t_1} \leqq 2 \text{ のとき } \Delta t_m = \frac{(T_1 - t_2) + (T_2 - t_1)}{2}$$

$$\frac{T_1 - t_2}{T_2 - t_1} > 2 \text{ のとき } \Delta t_m = \frac{(T_1 - t_2) - (T_2 - t_1)}{2.3 \log_{10}\left(\dfrac{T_1 - t_2}{T_2 - t_1}\right)}$$

③ 伝熱面積 A〔m^2〕は

$$A = \frac{H}{\eta \times K \times \Delta t_m}$$

ここで，T_1 ：油のクーラ入口温度〔℃〕　T_2：油のクーラ出口温度〔℃〕

c_t ：油の比熱＝0.45〔kcal/kg·℃〕

c_s ：水の比熱＝1.0〔kcal/kg·℃〕

W_t ：油の質量流量〔kg/h〕　W_s：水の質量流量〔kg/h〕

t_1 ：水のクーラ入口温度〔℃〕　t_2：水のクーラ出口温度〔℃〕

Q_t ：油の流量〔l/min〕　Q_s：水の流量〔l/min〕

ρ_t ：油の密度＝864〔kg/m^3〕　ρ_s：水の密度＝1 000〔kg/m^3〕

η ：平均温度差係数＝0.95

K ：熱伝達率〔kcal/m^2·h·℃〕

＊　水冷クーラ：水に浸ったパイプの中に油を通し，冷却する方法です．その他に空冷（ラジエータ）で冷却する方法もあります．

(2)　油圧ポンプに対する電動機出力の目的と主な計算

電動機の出力が必要な目的は，油圧ポンプの圧力と流量を決めるためです．その主な計算は

① 油圧ポンプへの電動機の出力は軸トルク×回転数で求めますが，実務上の計算式は油圧ポンプで発生する圧力×流量で行います．

② 油圧ポンプへの電動機の出力計算の場合，ポンプ全効率という入力ロスを考慮する必要がありますので，ポンプメーカ提出の仕様確認が大切です．ポンプ全効率を考慮しなかった油圧装置は設定した圧力まで上昇せず「力が出ない，動かない」という結果になってしまいます．

ここで油圧ポンプの入力および電動機の出力の計算式を述べます．

<油圧ポンプの入力計算>

$$L_0 = \frac{P \times Q}{612\eta_p}$$

ここで，ポンプの入力　：L_0〔kW〕
ポンプ吐出圧力：P〔MPa〕
圧力 P 時の流量：Q〔l/min〕
ポンプ全効率　：η_p

<電動機の出力計算>

$$L_1 = \frac{2\pi TN}{60 \times 102} \quad \Rightarrow \quad L_1 \fallingdotseq L_0$$

ここで，電動機の出力　：L_1〔kW〕
軸トルク　：T〔kg·m〕
回転速度　：N〔rpm〕

③ 有効な電動機の出力の設定に加えて，低温始動時，油の粘性抵抗による油圧ポンプの吸込み抵抗が高く，入力も高くなります．とくに定容量形ポンプを低温時始動で使用の際はチェックが必要です．

(3)　圧力機能の目的と主な計算

a.　定容量形ポンプ＋圧力制御弁

圧力は電動機の出力に比例して上昇します．定容量形ポンプと電動機のみで作動すると過電流になり，焼損またはサーマルが飛ぶという不具合になります．この安全の目的のため，圧力制御弁（リリーフ弁）を設けます．

このときの計算はリリーフ弁の圧力オーバライド特性より設定圧力と作動圧力を求め，圧力の安全を保ちます．また，圧力の設定は前述の油圧ポンプ，電動機と同じ計算式で求めます．

リリーフ弁の圧力オーバライド特性より設定圧力と作動圧力の取決めをします．

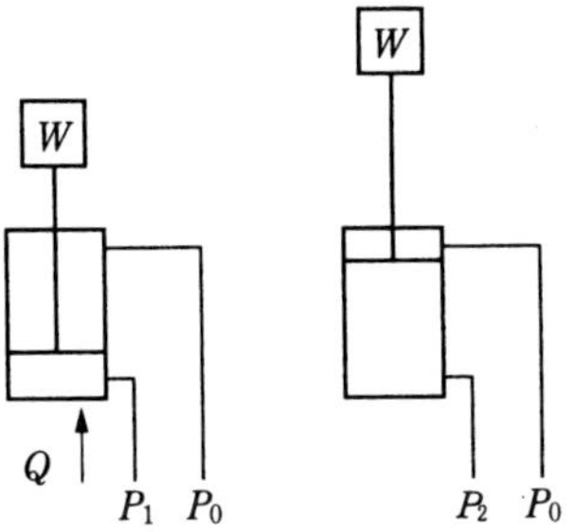

荷　重　　　：W〔N〕
動作時の圧力：P_1〔MPa〕＝作動圧力
戻り側の圧力：P_0〔MPa〕
停止時の圧力：P_2〔MPa〕＝設定圧力

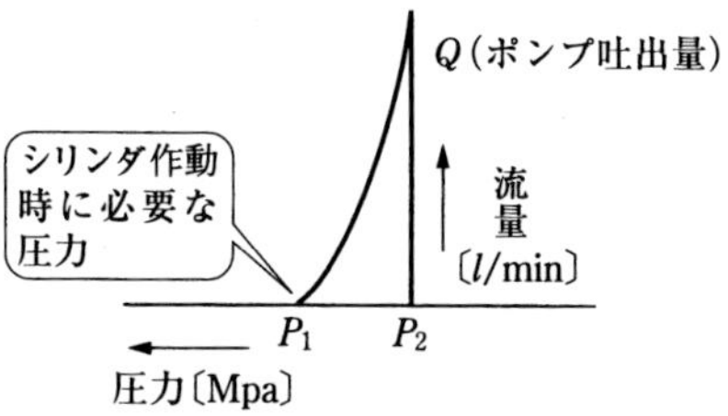

〔$P_1/P_2 = 85$ %〕*
圧力オーバライド特性

*〔$P_1/P_2 = 85$ %〕：リリーフ弁のバランスピストン形の効率で直動形の場合は40〜60%になります．

b. 可変容量形ポンプ

可変容量形ポンプの使用の目的は，設定した圧力になると自動的にポンプの吐出し量をカットすることになり，電動機の出力はアクチュエータが動作しているときより小さくなります（省エネ効果）.

また，設定圧力のときの電動機の出力計算は，圧力と油圧ポンプの洩れ量（ドレン量*）により決まります.

可変容量形ポンプの設定圧力に対し作動圧力を決めるとき，ポンプの種類により容積効率が違いますので設定時注意が必要です.

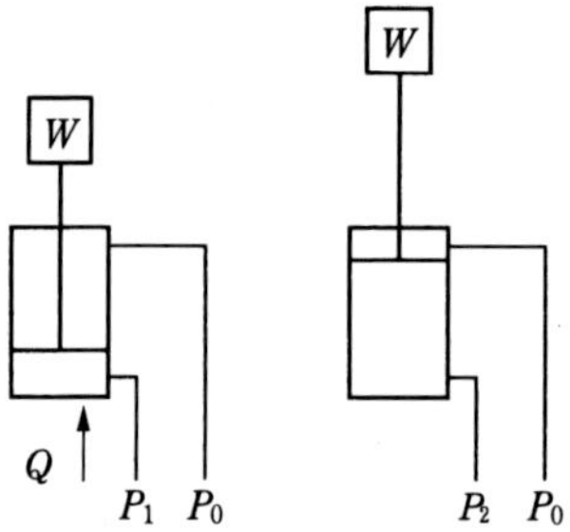

荷　重　　　：W〔N〕
動作時の圧力：P_1〔MPa〕＝作動圧力
戻り側の圧力：P_0〔MPa〕
停止時の圧力：P_2〔MPa〕＝設定圧力

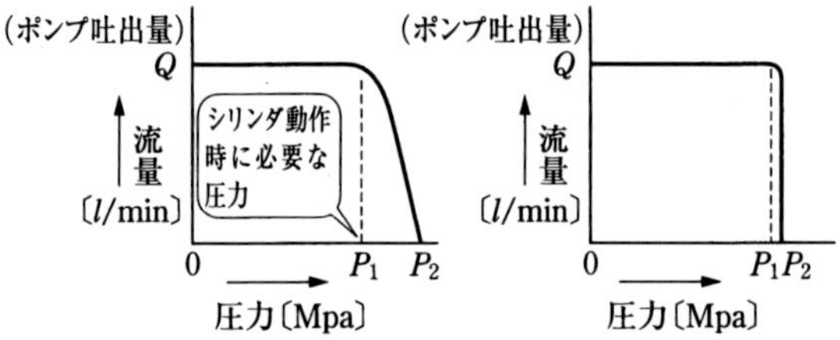

〔$P_1/P_2 = 70 \sim 75\,\%$〕
ベーンポンプの P-Q 特性

〔$P_1/P_2 = 90 \sim 95\,\%$〕
ピストンポンプの P-Q 特性

(4)　チェック弁（逆圧防止）の目的と主な計算

チェック弁はアクチュエータを作動する油圧装置の中に取り付けます.
チェック弁を取り付ける目的は

*　ドレン量：油圧ポンプの場合は吐出し側と吸込み側で発生する圧力差による洩れ量をいいます.

① 電動機の停止時に油圧ポンプの圧力差（油圧モータ作用）が逆転して異常音を発生し，正逆を繰り返していると油圧装置内の作動油の中の空気が飛び出します(キャビテーション現象)．昼休み後または月曜日の最初の動作時にアクチュエータの飛び出し現象として発生し，2回目からは起こらず，停止後時間をおいて動作すると再発する場合があります．そのため，この逆転防止用としてチェック弁を取り付けます．

② 油圧ポンプは油を吐き出す役目をもっていますが，逆に別の圧力（油圧ポンプの圧力より高い圧力）が油圧ポンプ内に入ると故障します．この逆圧防止用として設置します．

以上のチェック弁の計算は適正な通し始め圧力（クラッキング圧力）を決定する必要があります．

この逆圧防止用のチェック弁のクラッキング圧力の設定の計算は

① 可変容量形ピストンポンプの脈動との共振を防ぐため0.005 MPaのクラッキング圧力のチェック弁，またはスプリングを内蔵しないチェック弁を取り付けます．

② 油圧装置の中で油圧機器を作動する圧力（パイロット圧力）を必要とする場合は0.35 MPa以上のクラッキング圧力が必要です．

ただし，回路内の圧力設定（低圧使用）を考慮せずクラッキング圧力を高くすると電力ロスになるので注意しなければなりません．

＜チェック弁の逆圧防止＞

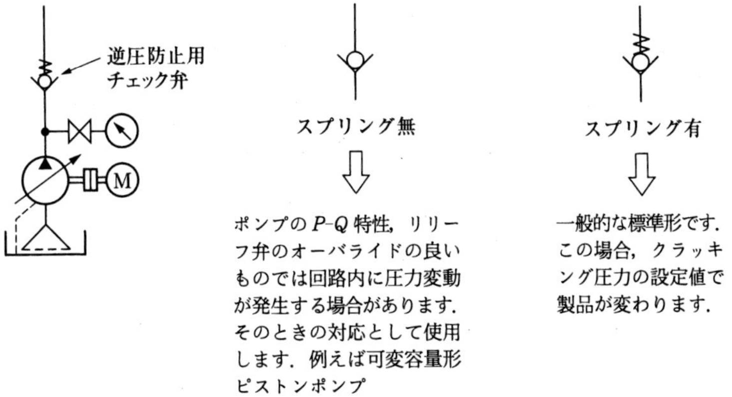

(5)　方向切換弁の目的と主な計算

方向切換弁の目的は

① アクチュエータの作動切換に使用するのが一般的です．

② 方向切換弁（例：電磁切換弁）は流量の大小により

- 100 l/min 以下の場合は電磁切換弁を使用します．
- 100 l/min 以上の場合は電磁油圧切換弁を使用します．

現在はロジック素子*を使用したブロック構成のものも使用します．

③ 方向切換弁は操作方法の種類として

- 手動操作……簡単な往復動や車両用リフトなどの切換え
  使用は主に工場外の単独手動操作用
- 油圧操作……主に油圧機器のパイロット切換え
  使用は油圧機器のパイロット用
- 機械式操作……往復動のメカ的切換え
  使用は搬送装置などのショック防止用
- 電磁操作……電気シーケンスに適用する電気的切換え
  使用は設備や装置の自動操作用
- 電流制御操作……電流値の増減で方向流量制御およびサーボ制御
  使用は精度を必要とする自動制御用

また，空気圧操作があります．油圧の中に空気の混入の恐れがあるため，できる限り使用は避けたほうが安全です．

方向切換弁の計算は通過流量の内部抵抗を確認し，配管口径を選定する必要があります．**図2·18**に方向切換弁の内部抵抗を示します．

＜電磁切換弁，電磁油圧切換弁の内部洩れについて＞

弁の内部洩れは機能上，回路効率上からも少ないことが望ましく，その弁の内部洩れはスプールのランド幅部より生じ，次のように求めます．

$$q = 1.67 \times 10^9 \times \frac{\Delta P \times \delta^3 \times D}{\nu \times L}(1 + 1.5\varepsilon^2)$$

$$\varepsilon = \frac{e}{\delta}$$

*　ロジック素子：チェック弁機能を持ったもので，パイロット圧制御で弁を開閉し，複合弁としてマニホールド内に収納できる弁をいいます．

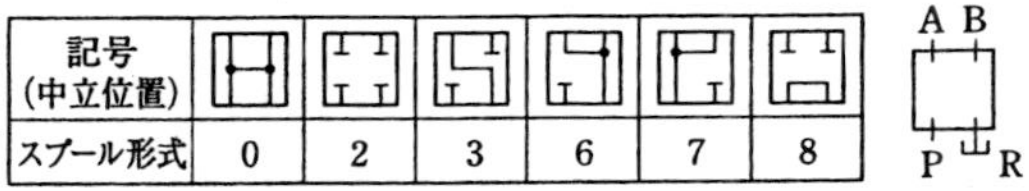

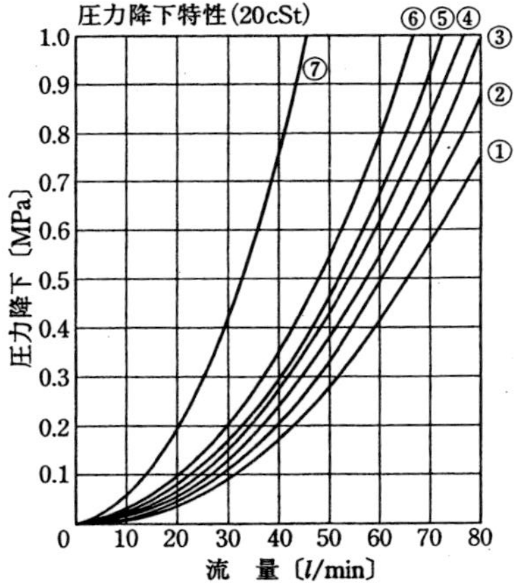

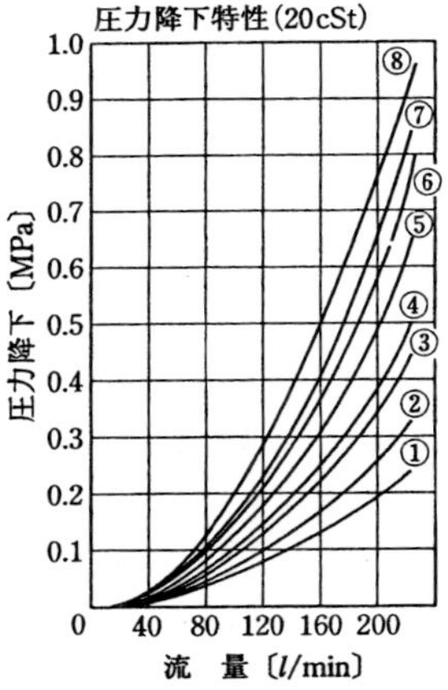

3/8 電磁切換弁（32 cSt 時）

スプール形式	圧力降下曲線番号				
	P→A	B→R	P→B	A→R	P→R
0	②	①	②	③	③
2	③	④	③	⑤	
3	③	④	③	③	
6	③	①	③	③	
7	②	③	②	⑤	
8	④	⑤	④	⑥	⑦

3/4 電磁油圧切換弁（32 cSt 時）

スプール形式	圧力降下曲線番号				
	P→A	B→R	P→B	A→R	P→R
0	②	③	①	②	②
1	②	⑦	①	②	②
2	②	⑥	②	⑥	
3	②	⑥	②	②	
4	⑤	⑦	⑦	⑧	⑤
6	②	④	②	②	
8	⑤	⑦	⑦	⑧	⑤
9	②	③	②	②	
33	②	⑤	②	⑤	

（a）電磁切換弁の内部抵抗

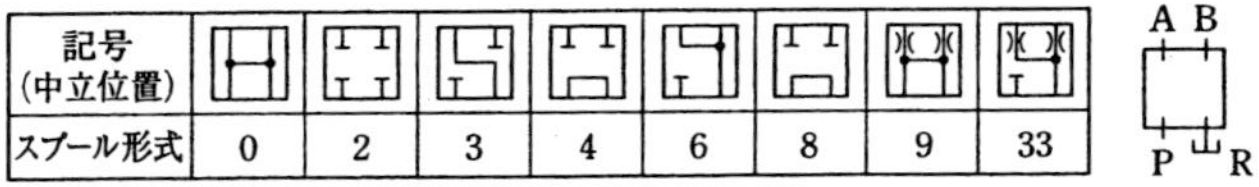

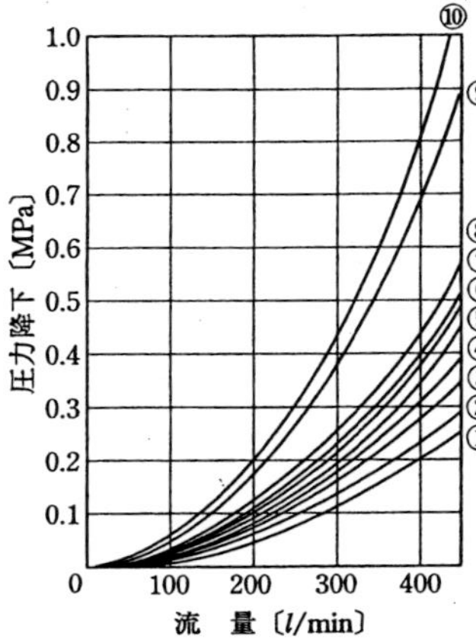

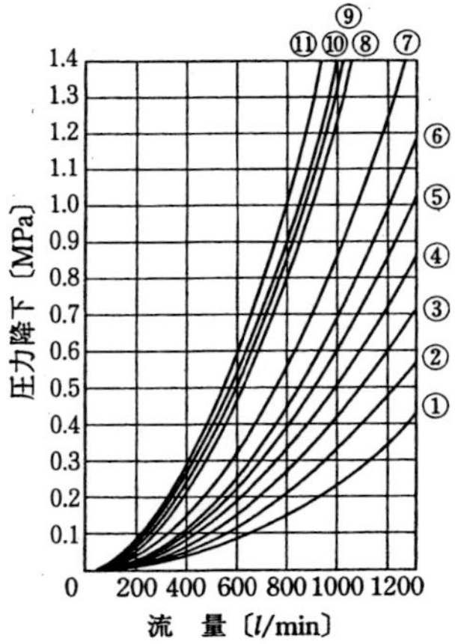

1 1/4　電磁油圧切換弁（32 cSt 時）

スプール形式	圧力降下曲線番号				
	P→A	B→R	P→B	A→R	P→R
0	①	⑤	①	③	③
2	②	⑥	②	④	
3	②	⑧	③	③	
4	⑥	⑨	⑦	⑩	⑥
6	②	④	②	③	
8	④	⑨	⑤	⑩	⑥
9	②	④	②	③	
33	②	⑥	②	⑥	

2　電磁油圧切換弁（32 cSt 時）

スプール形式	圧力降下曲線番号				
	P→A	B→R	P→B	A→R	P→R
0	①	③	①	④	④
2	②	⑦	②	⑦	
3	③	⑦	②	④	
4	④	⑧	⑪	⑥	⑪
6	②	③	②	④	
8	④	⑧	⑪	⑥	⑨
9	①	④	①	⑤	
33	②	⑦	②	⑦	

（b）電磁油圧切換弁の内部抵抗

図 2・18　方向切換弁の内部抵抗

ここで，q：洩れ量〔cc/min〕，

ΔP：圧力差 P_1-P_2 〔MPa〕

D：スプール径〔cm〕，δ：隙間〔cm〕

L：ランド幅〔cm〕，e：偏心量〔cm〕

ν：動粘性係数（cSt）

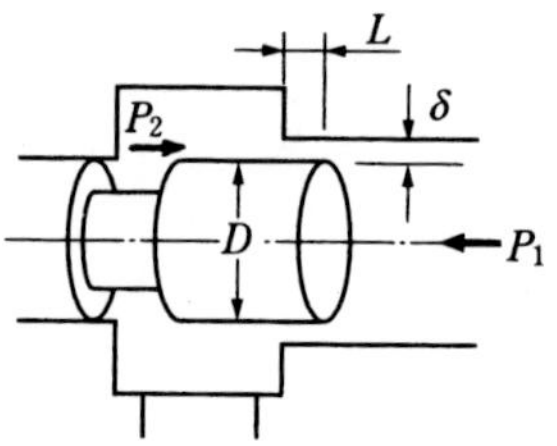

表 2･3 電磁切換弁，電磁油圧切換弁（ドライタイプ）の特性（内部洩れほか）

	弁の呼称	流量〔l/min〕		内部抵抗〔MPa〕		内部洩れ〔cc/min〕	切換速度〔sec〕					
							SOL ON			SOL OFF		
		定格	最大	定格	最大		3.5 MPa	7.0 MPa	14.0 MPa	3.5 MPa	7.0 MPa	14.0 MPa
電磁切換弁	$\frac{3}{8}$	40	100	0.2～0.25	1.4	100～120	0.010	0.010	0.010	0.015	0.015	0.015
電磁油圧切換弁	$\frac{3}{4}$	120	190	0.2	0.4	350～400	0.040	0.035	0.028	0.060	0.060	0.060
	$1\frac{1}{4}$	320	500	0.3	0.5	400～500	0.070	0.060	0.055	0.170	0.170	0.170

＜ソレノイドの吸引力について＞

電磁切換弁，電磁油圧切換弁に使用する場合，一般的なソレノイドの吸引力（F）は

$$F=K\left(\frac{NI}{x}\right)^2 S$$

ここで，K：定数，N：コイルの巻数，I：電流値

x：アーマチャのストローク，S：吸着面積

また，AC コイルの電流値 I は

$$I=\frac{V}{\sqrt{R^2+\omega^2L^2}}$$

ここで，V：電圧，R：抵抗，L：自己インダクタンス

ω：$2\pi f$，f：周波数

で求め，AC ソレノイドの吸引力は

$$F\propto\left(\frac{V}{f}\right)^2$$

となり，吸引力は電圧の 2 乗に比例し，周波数の 2 乗に反比例します．

(6)　パイロット操作チェック弁の目的と主な計算

パイロット操作チェック弁の目的は，アクチュエータの中の油圧シリンダの中間停止および圧力の保持として使用するのが一般的です．

しかし，アクチュエータの中の油圧モータはパイロット操作チェック弁による中間停止はできません（油圧モータの内部洩れのため）．

また，外部にドレンを持っている制御弁（シーケンス弁，減圧弁）と組み合わせた油圧操作は，組合せによっては中間停止のときに油圧の保持ができない場合があります（自然落下する）．

パイロット操作チェック弁の計算はパイロット圧の設定です．一般的にはパイロット操作チェック弁の OUT 側の圧力の 40％で OUT から IN へ作動油を流すことができます（OUT 側の 10％の圧力で OUT から IN へ流す圧抜きタイプもあります）．また，IN から OUT はチェック弁のクラッキング圧の設定と同じです．ただし，使用するクラッキング圧は 0. 35 MPa 以上の設定が必要です（パイロット操作チェック弁の保圧効果のため）．

図 2・19 にパイロット操作チェック弁のパイロット圧力-OUT 側の圧力線図

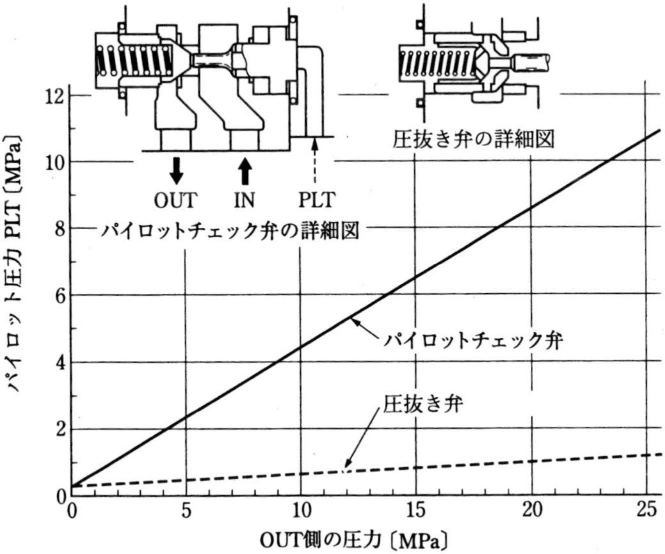

図 2・19　パイロット操作チェック弁のパイロット圧力-OUT 側の圧力線図

を示します.

(7) 減圧弁の目的と主な計算

減圧弁の目的はアクチュエータの推力（例：クランプ）が強すぎて油圧ポンプの圧力が変更できないときに使用します.

しかし，圧力平衡形の場合，少量の油圧ポンプと組み合わせたときに圧力，流量不足になる場合があり（外部ドレンのため），圧力設定が不安定になります．そのため，パイロット弁部を通過する流量 1.5 l/min の 5 倍以上の流量が必要です.

減圧弁の計算をするのは，設定圧力に対してアクチュエータの始動抵抗の条件によっては速度ムラ（ノッキング）を起こす場合です．特に低圧（1 MPa 以下）のときは注意が必要です．計算での設定圧力と作動圧力は，リリーフ弁の圧力オーバライドの取り決めと同じで，速度ムラを起こさない作動圧力の数値を求めます．それから設定圧力を決定します.

＜直動形減圧弁と圧力平衡形減圧弁について＞

直動形減圧弁は低圧でしかも流量が大きくなると圧力降下（$\varDelta P$）を起こします．このため，減圧弁の設定圧力時はばらつきが発生しやすく，圧力平衡形減圧弁を選ぶことが最適です.

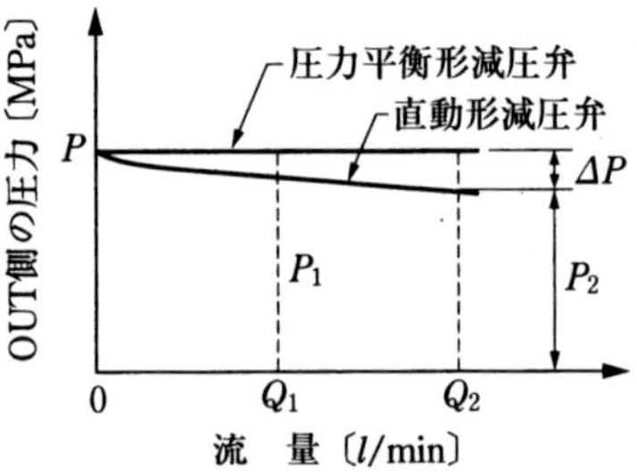

図 2·20　減圧弁の圧力オーバライド特性

直動形減圧弁を使用する場合は低圧時において，OUT 側の圧力にサージ圧力が発生してほしくない場合に使用します．また，高圧時のサージ圧力対策はゴムホースまたはアキュムレータにて行う場合があります.

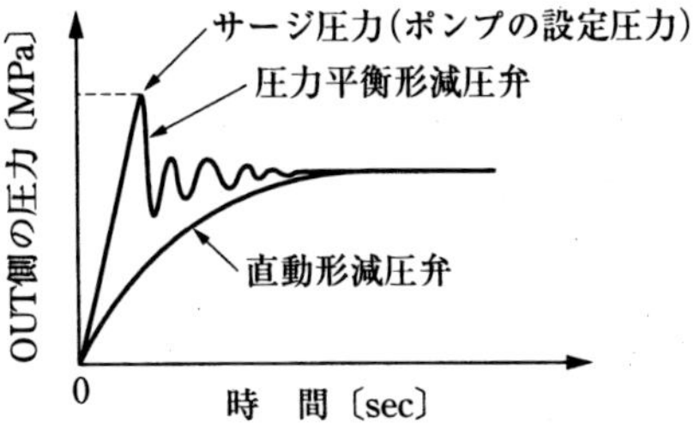

図 2·21　減圧弁のサージ圧力特性

(8)　絞り弁の目的と主な計算

絞り弁の目的はアクチュエータから出てきた作動油を絞る（メータアウト）のが一般的です．これはアクチュエータが自走しないように安全面から構成されています．絞り弁の計算は下記の件について注意が必要です．

- アクチュエータにかかる荷重が変化すると絞り弁の開度が一定でもアクチュエータの速度は変化します．

図 2·22 に絞り弁（固定ノズル）の流量特性を示します．

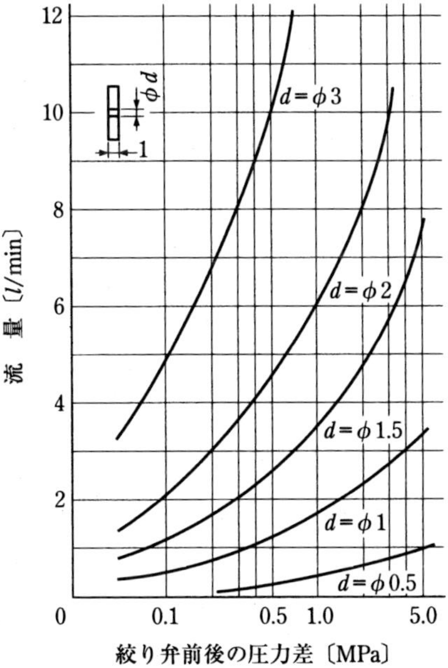

図 2·22　絞り弁（固定ノズル）の流量特性

① アクチュエータにかかる荷重一定，絞り弁の開度一定でも，油の温度が変化するとアクチュエータの速度は変化します．

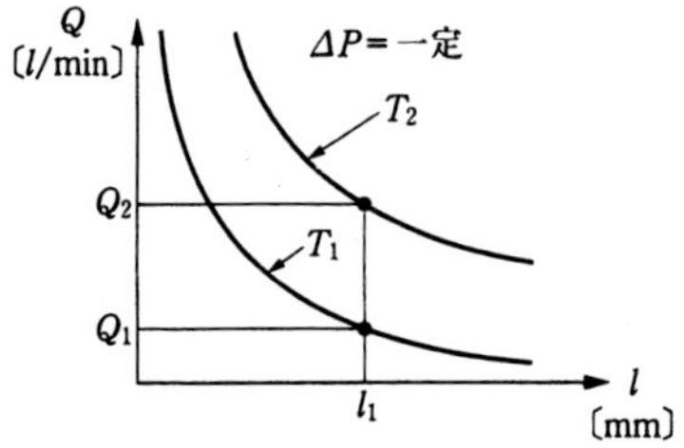

l：絞りストローク〔mm〕
ΔP：絞り弁前後の圧力差〔MPa〕
Q：流量〔l/min〕
$Q_2 > Q_1$
T_2：油温 ＝ 60℃
T_1：油温 ＝ 20℃
オリフィス以外の絞り弁の温度変化をしたときの流量変化です．

絞り弁の油温変化による流量は下記の範囲内になっています．
　ただし，絞り面積と圧力差は一定です．

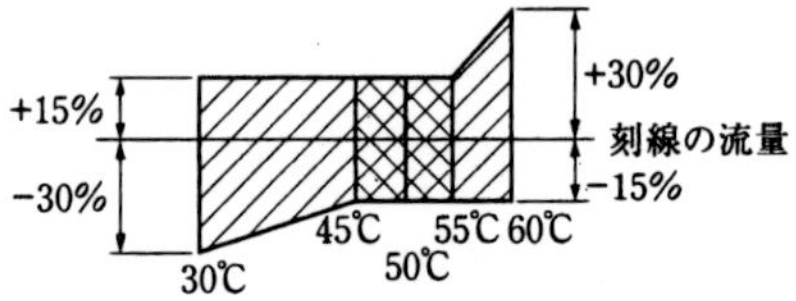

油温 45〜55℃のときの流量は±15%の変化
油温 60℃のときの流量は＋30%，－15%の変化
油温 30℃のときの流量は＋15%，－30%の変化
また，オリフィスタイプの絞り弁は
油温 20℃〜60℃の流量は±5%の変化となります．

② 絞り弁はストップ弁とは違います．絞り弁を全閉にしても必ず漏れます．絞り弁のハンドル全閉時の内部洩れ量は**表 2・4** によります．

表 2・4　絞り弁の内部洩れ量

（油温＝ 40℃）

呼び口径	洩れ量（Q）〔l/min〕	圧力差（ΔP）〔MPa〕
1/4	0.1	
1/2	0.2	
3/4	0.4	31.5
1	0.8	
1 1/4	1.5	

上記に対し，内部洩れ量（Q）を算出すると

$$Q = \frac{\pi d \, \Delta P}{12 \mu l}$$

ここで，πd：円周の長さ
ΔP：圧力差
μ：粘度または粘性係数
l：流れ方向の長さ

上式より使用する圧力差に置き換えれば，絞り弁の洩れ量を求めることができます．

(9)　アクチュエータ（油圧シリンダ）の目的と主な計算

油圧シリンダの目的は人間にたとえると心臓（電動機＋油圧ポンプ）から送られた血液（作動油）で筋肉を働かせ，手足を動かすところに相当します．つまり，流体エネルギを運動エネルギに変換して，外部に仕事をするものです．油圧シリンダの必要な力を満たす油圧ポンプの設定圧力の計算を述べます．

＜油圧シリンダの出す力よりポンプ設定圧力の求め方＞

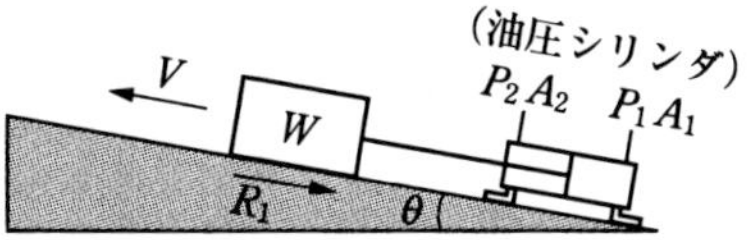

$$F_c = P_1A_1 - P_2A_2 - R_c$$

$$F_w = W\sin\theta + R_1 + R_L$$

⇩

荷重（W）を動かす場合

$$F_c \geqq F_w$$

にする必要があります．油圧シリンダの作動圧力P_1を決める場合

$$P_1 = \frac{F_c \times 1.2}{A_1}\ 〔\mathrm{MPa}〕$$

にて決めます．この後にポンプの設定圧力

⇩

$$P_0 = \frac{P_1}{\eta}$$

を求めます．

F_c：油圧シリンダの出す力〔N〕

F_w：荷重（W）を出す力〔N〕

P_1：ポンプからの作動圧力〔MPa〕

P_2：戻り側の圧力〔MPa〕

A_1：ヘッド側面積〔cm^2〕

A_2：ロッド側面積〔cm^2〕

R_c：シリンダの摺動抵抗

$$R_c = (1-\lambda)P_1A_1$$

$$\lambda：推力係数 = \frac{W}{P_1 \times A_1}$$

W：荷重〔N〕

θ：運動方向と水平面間の角度〔℃〕

R_1：摺動部を加減速するのに必要な力

$$R_1 = \frac{W}{g}\left(\frac{V_1 - V_2}{t}\right)\ 〔\mathrm{N}〕$$

g：重力加速度〔cm/sec^2〕

V_1：荷重時の終速度〔cm/sec〕

V_2：荷重時の初速度〔cm/sec〕

t：加減速に必要な時間〔sec〕

R_L：荷重の摩擦抵抗

$$R_L = \mu W\cos\theta\ 〔\mathrm{N}〕$$

μ ：荷重の摩擦係数

P_0 ：ポンプの設定圧力

η ：リリーフ弁の圧力オーバライド特性またはポンプの P–Q 特性* = 85%

以上述べた主な計算は，基本油圧回路を構成するときに必要なものです.

2・3　作動油の計算と法規制関連

(1)　作動油で構成する基本的計算

油圧装置に使用する作動油の決め手は適当な流動性，潤滑性および油圧要素機器の寿命を長くするために摩耗防止の役目をする作動油の粘度がもっとも重要です．その作動油の粘度に関する計算については，付録の技術資料を参考にして下さい.

(2)　油圧装置に関する法規制関連

油圧装置を取り扱う際には，労働安全衛生法と高圧ガス取締法（アキュムレータ使用時），公害対策基本法で安全・環境についての法規制があり，特にタンクが3 000 l またはその集合体は労働安全衛生法が適用され，消防署の検査を受ける必要があります．それ以外は添付している付録の技術資料を参考にして下さい.

2・4　作動油の知識

油圧装置に使用する作動油は動力の媒体として使われると同時に，油圧要素機器の摺動部分の潤滑作用，粘性によるシール作用，防錆作用など重要な役割を果たしています．**3・7** 節 (**4**) にも作動油をとりあげています.

---

*　P–Q 特性：グラフにおいて縦軸に吐出量，横軸に吐出し圧力を表示するものをいいます.

(1)　作動油の性質

油圧要素機器の寿命，性能と電気の消費量および設備，装置に使用したときの運転上の安全性に影響を及ぼす作動油を**表 2·5** に示します．

表 2·5　油圧要素機器に影響を与える作動油の性質

	機械の寿命	機械の作動	作動油の消費	安全性
粘度	○	○	○	
粘度指数	○	○	○	
耐摩耗性	○	○	○	
酸化安定性	○	○	○	
水分離性	○	○	○	
防錆能力	○	○	○	
泡立ち防止性	○	○	○	
耐火性	○	○	○	○

＜石油系作動油の劣化を起こさない手段＞

① 油温は 60℃で使用し，特に高い設定圧力のリリーフ弁からの戻し油は油温が上昇しやすいので注意が必要です．また，ヒータの使用時局部加熱に十分注意が必要で，高温で使用が続くと作動油の酸化を早めます．

② 作動油中の汚染物質の管理をしっかり行う必要があります．このゴミが触媒となり，作動油の酸化を早めます．

③ 水分の浸入は絶対に避けることか必要です．作動油に水分が浸入しますと乳化させます．

④ 作動油の定期点検は必ず行う必要があります．

高粘度油……強い油膜，内部漏れの減少
低粘度油……内部摩擦を少なくします．
加熱を小とします．
操作性を容易にします．
(低粘度＋高粘度) 指数……低温起動を容易にします．

	低粘度油	高粘度油
油膜の形成		○
摩擦に抗する力		○
漏れ		○
圧力損失	○	
作動感度	○	
空洞現象	○	
低温起動	○	

○：有利

作動油には大なり小なり表2•5の性質を有していますが，油圧装置の不具合の主な原因は作動油で，不具合の70%も占めています．実際には作動油の性質でなく，油圧装置に使用されている作動油の状態（使い方）によるもので，使用する油圧装置および運転条件に適する作動油を選定することが適正な使用です．そのためには，表2•5の作動油の性質を理解しておく必要があります．

油圧装置および運転条件に適する作動油は，高粘度の作動油と低粘度の作動油をともに要求します．

一般的に作動油は周囲温度に対して適正なものを油圧装置メーカが奨めていますので，それを使用するのが最適です．

(2)　作動油の種類と選定

作動油は価格，安全性，潤滑性などの面から石油系作動油が幅広く利用されています．また，石油系作動油の耐火性を補うために難燃性作動油を利用します．その種類は**表2•6**の通りです．

表2•6　作動油の種類

鉱油系作動油	R&O形作動油	
	耐摩耗性作動油	
	低温用作動油	
	油圧摺動面兼用油	
	NC作動油	
難燃性作動油	水成形	W/O エマルジョン
		O/W エマルジョン
		水グリコール形
	合成形	リン酸エステル形

また，各種作動油の代表性状を**表2•7**に示します．

この作動油の選定は適正粘度（特に油圧ポンプ），耐摩耗性，汚染度，潤滑性（特に油圧プレス），アクチュエータのびびり*防止等を考慮して行います．通常では圧力が20 MPa以下ではISO VG 32（5 MPa以下ではISO VG 22を使用する場合があります）を使用し，20 MPa以上ではISO VG 46，68を使用するのが適しています．

* びびり：アクチュエータ（特にシリンダ）が低速時に発生する息付き現象のことをいい，ノッキングまたはステックスリップという言葉を使う場合もあります．

表 2•7　各種作動油の代表性状

油圧油の種類	比重	色相	粘度 cSt		粘度	引火点	流動点
	15/4℃	ASTM	@40℃	@100℃	指数	〔℃〕	〔℃〕
R&O 形作動油　ISO VG 32	0.864	L 0.5	27.79	5.314	111	224	−12.5
〃　ISO VG 46	0.871	L 1.0	44.53	6.873	110	228	−12.5
〃　ISO VG 68	0.877	L 1.5	63.28	8.569	107	240	−12.5
耐摩耗性作動油　ISO VG 32	0.866	L 1.5	30.5	5.42	113	227	−25
〃　ISO VG 46	0.873	L 1.5	43.7	6.90	112	230	−25
〃　ISO VG 68	0.878	L 1.5	64.1	8.76	110	234	−25
低温用作動油	0.862	1.5	16.7	4.13	157	188	−55
〃	0.869	1.5	28.7	5.88	155	200	−55
〃	0.881	2.0	39.9	7.36	152	218	−55
航空機用作動油	0.857	赤色	14.3	5.2	200 以上	100	−62
合成•潤滑油 (SHF)	0.873	3.0	53.3	9.53	164	231	−57.5
水グリコール形作動油	1.07	赤色	40.7	(9.0)	202	−	−35
リン酸エステル系作動油	1.17	無色	40.2	(5.1)	0	246	−17.5
NC 作動油	0.868	L 0.5	25.58	6.832	177	122	−22.5
耐摩耗作動油　ISO VG 22	0.860	L 1.0	21.0	4.32	113	204	−32.5

第3章　油圧の要素機器

油圧の要素機器とは油圧装置を構成するアクチュエータ，油圧ポンプ，方向制御弁，圧力制御弁，流量制御弁，集積システム，その他のことをいいます．

3・1　アクチュエータ

アクチュエータは油圧エネルギを用いて機械的な仕事をする機器をいい，次の3種類があります．

- **油圧シリンダ**
  直線運動をするアクチュエータで前進・後退および上昇・下降運動の駆動源として使用します．
- **油圧モータ**
  油圧エネルギを用いて連続回転運動のできるアクチュエータで回転軸を出力軸として正転・逆転運動の駆動源として使用します．
- **揺動モータ**
  出力軸の回転運動の角度が360°以内に制限されている回転運動をするアクチュエータで回転軸を出力軸とし正転・逆転運動の駆動源として使用します．

(1)　油圧シリンダ

油圧シリンダの基本要素はチューブ内径（またはチューブ内径－ロッド径）の大きさとチューブの長さ（ストローク）でロッド先端の往復動を行います．

a.　油圧シリンダの用途

油圧シリンダの運動は直線で前進/後退運動・上昇/下降運動の駆動として

表3·1　油圧シリンダの種類

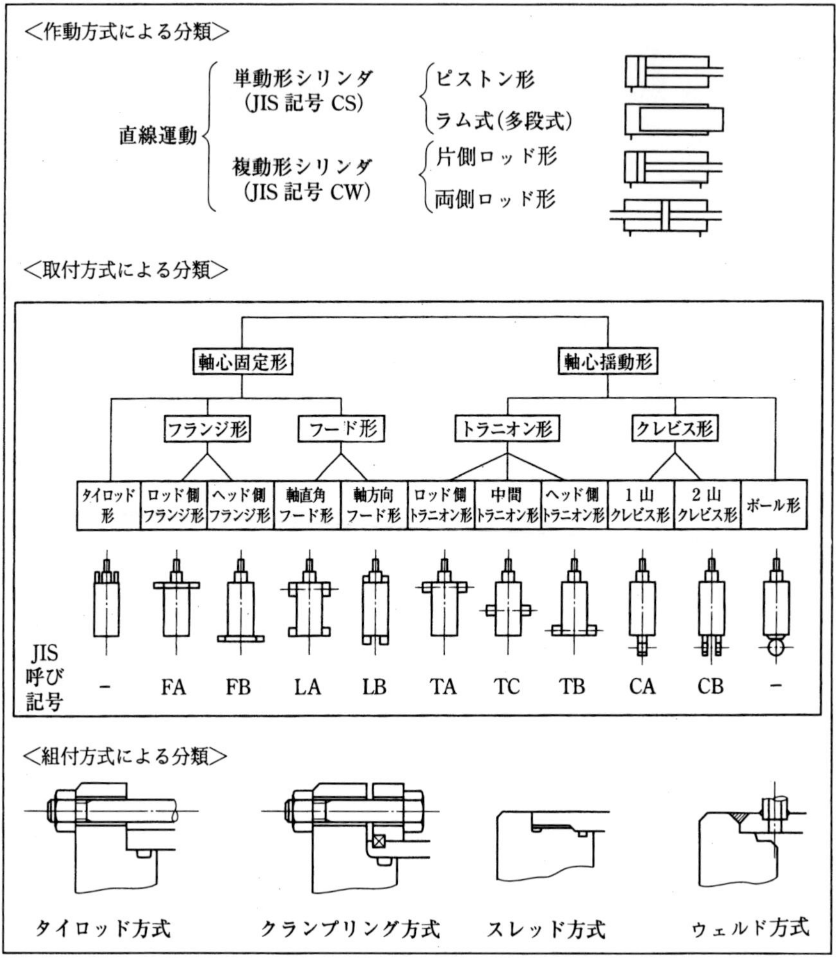

使用します.

＜駆動＞　押し出し，引込み……ワーク等の搬入，搬出および昇降
　　　　　押しつけ，引張り……クランプ，プレス，破砕，ベンデング等
　　　　　位置決め　　　　……精密圧入，加振，テスタ等

b. 油圧シリンダの種類

油圧シリンダの種類には単動と複動があり，単動はピストンの片側に圧油が

かかる構造で，戻りは重力または機械的動力により行います．複動はピストンの両側に圧油がかかる構造で，一般的には複動を使用します．単動は補助シリンダを取り付けて大きな力を必要とする場合にピストンに圧油をかける（油圧プレスなど）ようなときに使用します．その他ではクッション，取付け方法などの種類について**表 3•1** に示します．

c. 油圧シリンダの内部構造

図 3•1 は複動形で押し，引き両方向とも圧油で動作します．このタイプは片ロッド形で，他にラム形，両ロッド形，テレスコ形* などがあります．

図 3•1 に油圧シリンダの内部構造を示します．

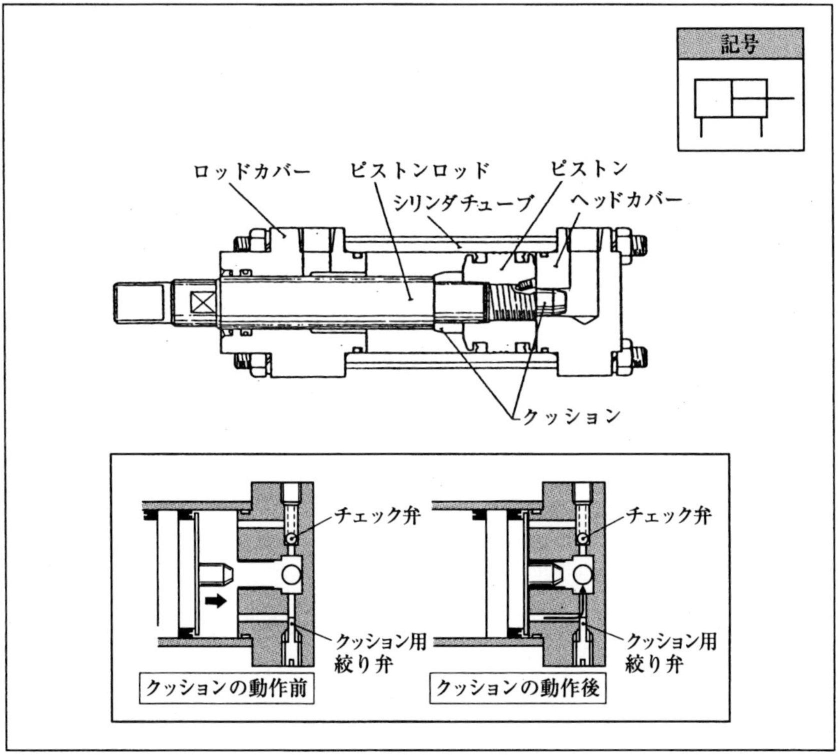

図 3•1　油圧シリンダの内部構造

*　テレスコ形：多段式形ともいいます．前進はしますが後退は別のシリンダなどで行います．

d. 油圧シリンダの作動

① 前進の場合（図3・2）

ヘッド側に圧油が供給されると同時に，ロッド側の戻り油が排出されてピストンロッドは前進します．

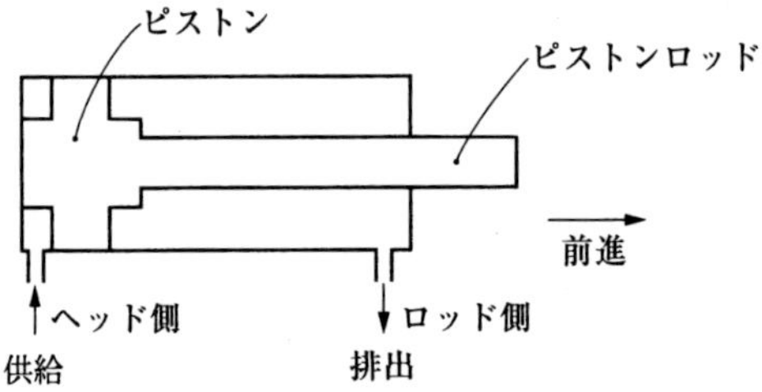

＜油圧シリンダの前進の場合＞

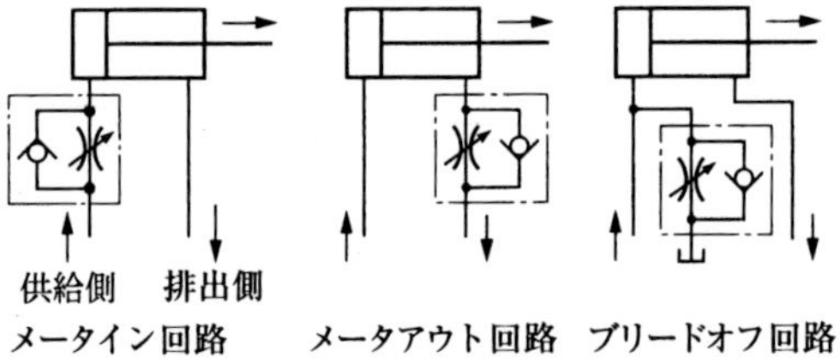

図3・2　油圧シリンダの速度制御基本回路

［注意点］　戻り油に抵抗（背圧）がかかると推力不足の要因になり，アクチュエータが動作・停止を繰り返す（息付き現象またはびびり）動きをします．そのため，圧油の供給（作動圧力）は抵抗を考慮して設定する必要があります．

前進するときの速度制御は

- 供給側の圧油に絞り弁を取り付け，昇降動作で推力ロスの少ない流量制御の方法（メータイン回路）があります．
  - ⇨　使用例：リフト装置昇降用の油圧装置など
- 排出側の戻り油に絞り弁を取り付け，前進，後退動作でアクチュエータの飛び出しをなくす流量制御の方法（メータアウト回路）があります．
  - ⇨　使用例：搬送装置の油圧装置など

- 供給側の圧油をバイパスしながら閉じ込み圧（サージ圧）の発生しない流量制御の方法（ブリードオフ回路）があります．

　⇨　使用例：ブローチ盤の油圧装置など

② **後退の場合（図 3･3）**

ロッド側から圧油が供給されると同時に，ヘッド側の戻り油が排出されてピストンロッドは後退します．

後退は基本的に仕事の終了方向に適用します．理由は受圧面積が（ヘッド側）＞（ロッド側）のため，面積の大きなヘッド側を仕事開始時推力を出す場合に効果的です

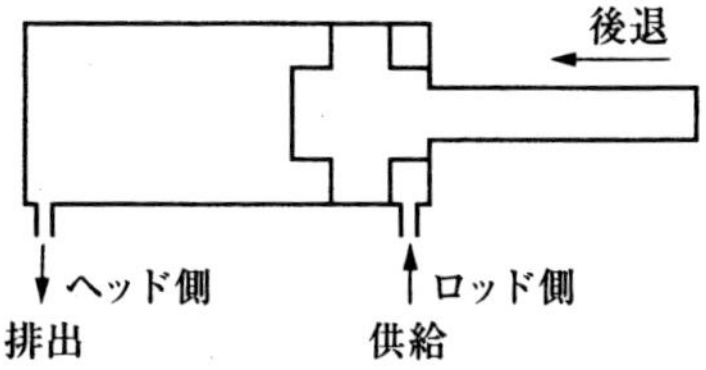

図 3･3　油圧シリンダの後退の場合

e. 油圧シリンダの推力計算

油圧シリンダの推力は必要とする面積と圧力との関係によって決まります．実際には油圧シリンダのピストンが動いているときの推力は，排出側の圧力（背圧）と摺動抵抗により影響を受けますので，ピストンを動かす圧力は計算値より大きく見積もる必要があります．

この油圧シリンダの推力計算を次に述べます．

<油圧シリンダの推力計算>

油圧シリンダの出す力 F_C と負荷を動かす力 F_W を求めます．

$$F_C = P_1A_1 - P_2A_2 - R_C$$

$$F_W = W\sin\theta + R_1 + R_C$$

負荷を動かす場合 $F_C \geqq F_W$ が必要です．

ここで，P_1：供給側圧力〔MPa〕，A_1：供給側面積〔cm^2〕

　　　P_2：排出側圧力〔MPa〕，A_2：排出側面積〔cm^2〕

R_C ：シリンダの摺動抵抗

$$R_C = (1-\lambda)P_1A_1 \quad (\lambda：推力係数)$$

W ：荷重〔N〕，θ ：運動方向と水平面とのなす角度

R_1 ：可動部を加減速するのに必要な力

$$R_1 = \frac{W}{g}\left(\frac{V_1 - V_2}{t}\right) \text{〔N〕}$$

g ：重力加速度〔cm/sec^2〕，V_1 ：負荷の終速度〔cm/sec〕

V_2 ：負荷の初速度〔cm/sec〕，t ：加減速に必要な時間〔sec〕

R_L ：負荷の摺動抵抗

$$R_L = \mu W \cos\theta \text{〔N〕}$$

μ ：負荷の摩擦係数

(2)　油圧モータ

油圧モータは圧油で連続回転運動をする作動体で，無段階に回転数を調整でき，逆転もできる出力トルクの大きな駆動として使用できます．

a. 油圧モータの種類

種類としては油圧ポンプ同様，歯車形・ベーン形・ピストン形があります．**表3･2**に油圧モータの種類を示します．

表3･2　油圧モータの種類

- 油圧モータ
  - 回転式
    - 歯車モータ (Gear Motor)
      - 外接式歯車モータ
      - 内接式歯車モータ
    - ベーンモータ (Vane Motor)
    - ピストンモータ (Piston Motor)
      - アキシャルピストンモータ (Axial Piston Motors)
        - 斜板式アキシャルピストンモータ
        - 斜軸式アキシャルピストンモータ
      - ラジアルピストンモータ (Radial Piston Motors)

b.　油圧モータの内部構造

内部構造的には油圧ポンプと大差ありませんが，ベーンモータだけはベーンとカムリングが始動時でも接触していることが必要なため，ベーンポンプと違うのはベーンの押し上げのためにばねを用いていることです．

図3·4 に油圧モータの内部構造を示します．

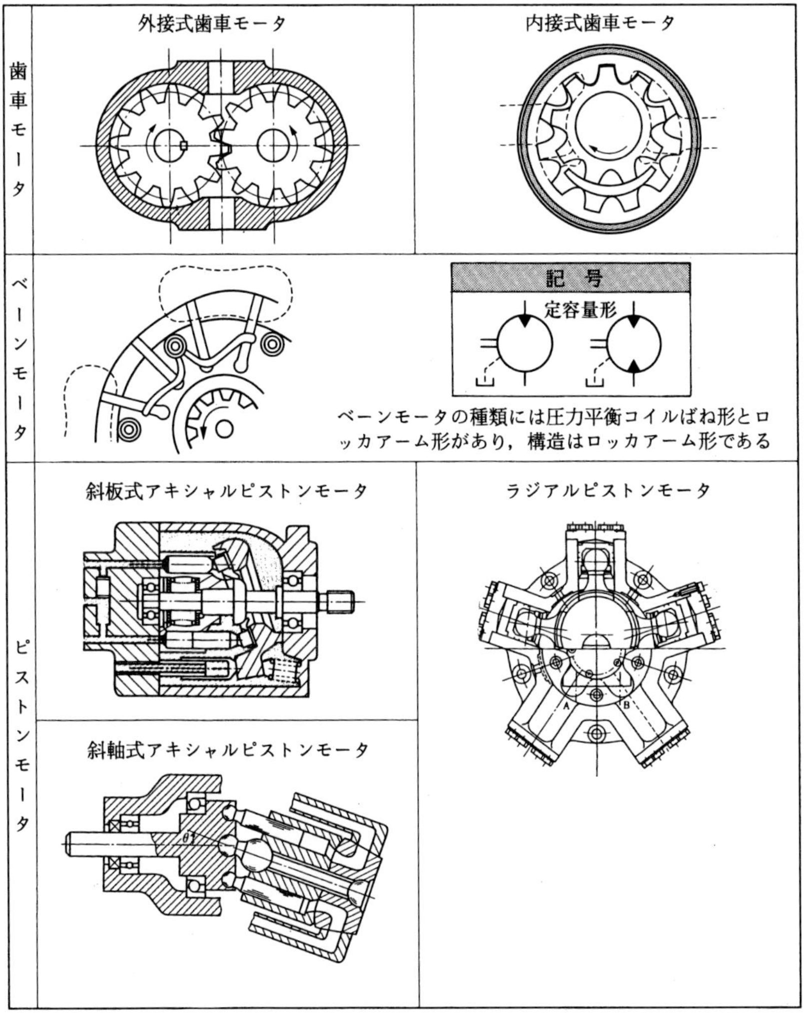

図3·4　油圧モータの内部構造

c. 油圧モータの作動

① 歯車モータ

- トルク一定で慣性が小さく速度変換に対し，容易に追従します．
- 圧油をIN側，OUT側に切り換えることにより，正逆回転ができます．
- 2個の外接歯車が部屋の中で噛み合っており，互いに駆動・従動の役目を繰り返しながら回転し，出力トルクは軸より取り出します．（種類は他に内接歯車タイプがあります．）
- 回転数は200～4 000 rpm程度です．
- 圧力差，回転数，作動油，モータ形状によって異なりますが，全効率＝70～75 %です．

図3･5に歯車モータの作動説明図を示します．

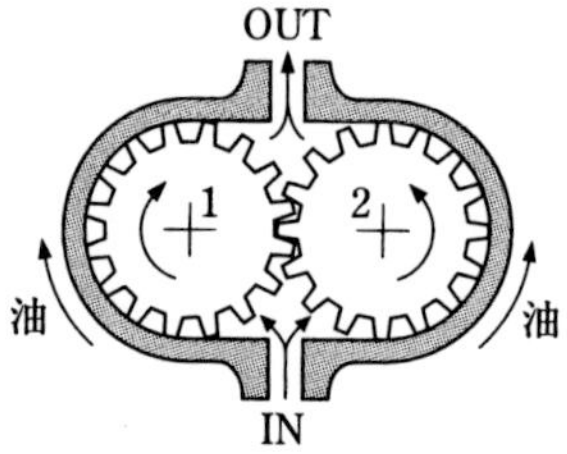

図3･5　歯車モータの作動説明図

② ベーンモータ

- トルク一定で，正逆回転ができます．
- ベーンをロータのピンに連結したクリップにより，カムリングに常時接触して回転し，出力トルクは軸より取り出します．
- 回転数は400～2 000 rpm程度です．
- 全効率の条件は歯車モータと同様で75 %程度です．

図3･6にベーンモータの作動説明図を示します．

③ ピストンモータ

ピストンモータはアキシャルタイプとラジアルタイプがあり，アキシャルタイプは斜板式と斜軸式に分けられます．

- **アキシャルタイプ**

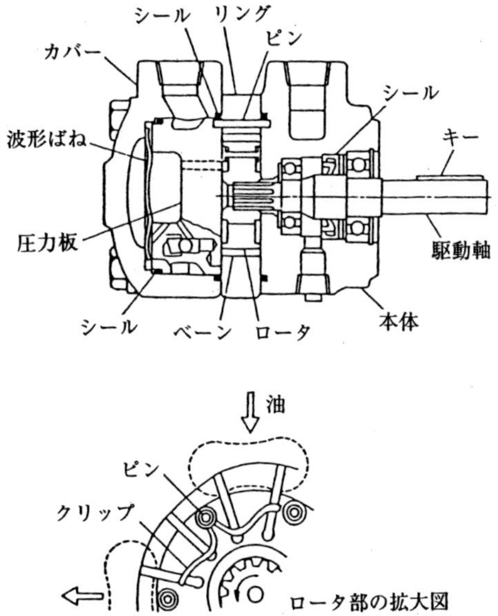

図 3・6　ベーンモータの作動説明図

斜板式は高圧側のピストンが斜板を押す力の反力で発生する方向に回転し，出力トルクは軸より取り出します．

斜軸式は高圧側のピストンがピストンロッドを介して直接に軸を押すので，その回転方向が出力トルクを発生することになります．

アキシャルタイプは高速（～4 000 rpm），高圧（～35 MPa）で容積効率が良く（高効率），負荷変動に対する速度の安定性があるのでブレーキ性能が良いです．

また，応用例はウインチ，攪拌機などの産業機械，走行用・旋回用などの建機関係に使用します．

• ラジアルタイプ

大容量（190～4 500 cc），高トルク（6 500 N・m），低速（1 rpm～）で容積効率が良い（高効率）です．また，応用例は車両のミキサー，射出成形機のスクリュ回転，搬送機，設備機械など幅広く使われています．

図 3・7 にピストンモータの作動説明図を示します．

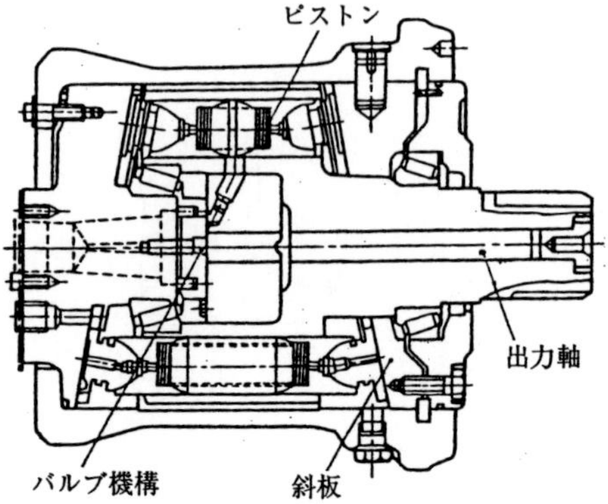

(a) アキシャルタイプの油圧モータ

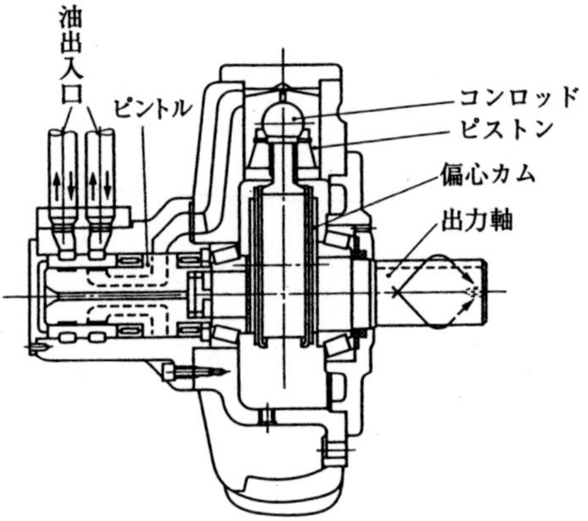

(b) ラジアルタイプの油圧モータ

図3･7　ピストンモータの作動説明図

d. 油圧モータの推力計算

油圧モータの動力，トルク，効率は次の式で求めることができますが，計算時には次のことに注意が必要です．

① 起動時のトルク効率は回転時より低いので注意が必要です．

② 慣性力の小さな負荷をスムーズな回転で駆動するには，高速回転形で 50〜100 rpm，低速高トルク形で 2〜5 rpm，中速回転形で 35〜50 rpm が目安となります．

③ 油圧モータは内部洩れがあり，油圧によるロック機構はむずかしく，停止精度メカロックにて行う必要があります．

④　油圧モータは重力荷重など自走荷重を受けて回転するため，停止時には油圧によるブレーキ制御が必要です．この計算は油圧モータの排出側の流量，圧力を求め，油圧機器（ブレーキ弁）を使用し，調整により制動をかけるようにする必要があります．

＜油圧モータの推力計算＞

1. 動力

入力動力　$L_1 = \dfrac{(P_1 - P_2) \times Q_1}{612}$ 〔kW〕

出力動力　$L_2 = \dfrac{2\pi T_2 \times N}{60 \times 102}$ 〔kW〕

2. トルク

理論トルク　$T_0 = \dfrac{(P_1 - P_2) \cdot q_0}{2\pi \times 100}$ 〔N·m〕

3. 効率

全効率　$\eta_T = \dfrac{L_2}{L_1}$

容積効率　$\eta_v = \dfrac{N \times q_0}{Q_1}$

トルク効率　$\eta_t = \dfrac{T_2}{T_0}$

ここで，Q_1：供給流量〔l/mm〕，P_1：入口側圧力〔MPa〕
P_2：出口側圧力〔MPa〕，T_2：出力トルク〔N·m〕
N：回転速度〔min^{-1}〕，q_0：理論押しのけ容積〔l〕

(3)　揺動モータ

a. 揺動モータの用途

油圧で角度運動をする作動体で360°の回転調整ができ，逆転もできます．コンベアなどの旋回移動などに使用できます．

b. 揺動モータの種類

リンク装置を必要とせず，一定の角度範囲を一定の回転力で揺動回転運動を行うもので，ベーン方式とピストン方式の2種類があります．**表3·3**に揺動モータの種類を示します．

表3・3　揺動モータの種類

- 揺動モータ
  - ベーン方式
    - シングルベーン
    - ダブルベーン
    - (トリプルベーン)
  - ピストン方式
    - ラックピニオン
    - ピストンヘリカルスプライン

c. 揺動モータの内部構造

構造的には油圧シリンダと同じように圧油により直接推力を伝達することができるようになっていますが，ベーン形は軸にピストン形はラックピニオン部に不平衡負荷がかかり，容積効率は40〜60％のため，使用時は仕様を確認する必要があります．図3・8に揺動モータの内部構造を示します．

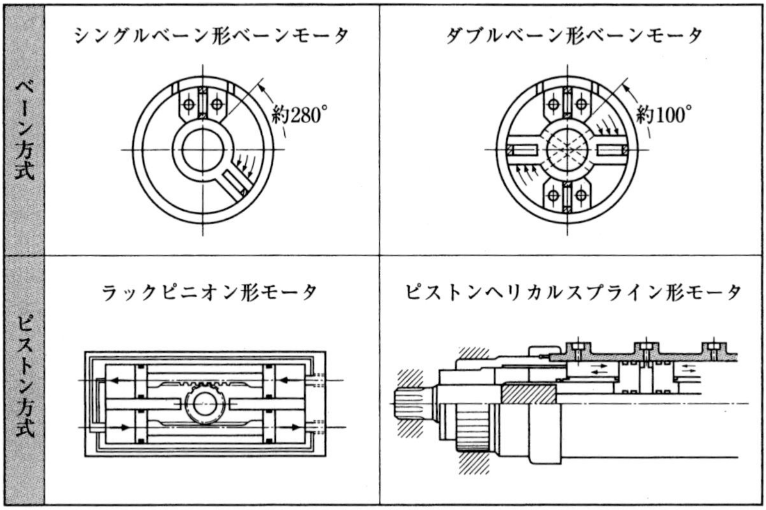

図3・8　油圧モータの内部構造

d. 揺動モータの作動

①　ベーン形揺動モータ

構造上3種類に分類されます．

シングルベーン式 ⇨ 1枚羽根・揺動角度（約280°以内）
ダブルベーン式 ⇨ 2枚羽根・揺動角度（約100°以内）
トリプルベーン式 ⇨ 3枚羽根・揺動角度（約60°以内）

また，出力軸トルクはシングルベーン式に比べてダブルベーン式は2倍の出力軸トルクが出ます．トリプルベーン式は3倍の出力軸トルクが出ます．

密閉された容器内に固定壁（シュー）とベーンを有し，ベーンと一体に固定された出力軸より構成されています．

圧油口より圧油が入るとA室の容積は増加し，B室の作動油はタンクへ戻され，ベーンを時計周りに回転させるとともに，ベーンにかかる圧力により駆動軸に出力トルクが発生します．**図3·9**にベーン形揺動モータの作動説明図を示します．

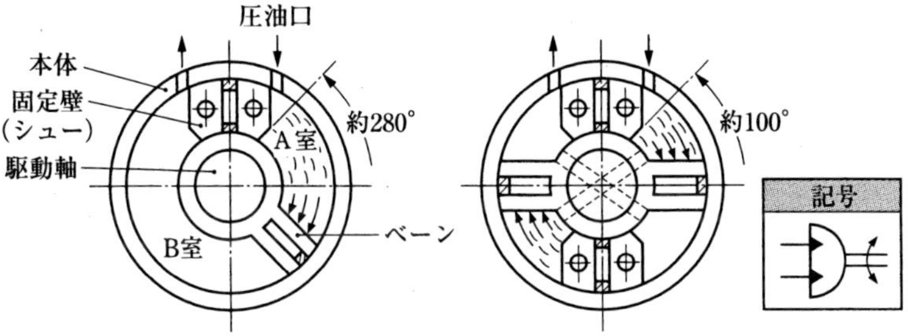

（a）シングルベーン式　（b）ダブルベーン式

図3·9 ベーン形揺動モータの作動説明図

② ピストン形揺動モータ

構造上2種類に分類されます．

シングル式 ⇨ 1本のシリンダ内に2個のピストンを組み込み，ピストンにラックを切ったものです．

ダブル式 ⇨ 2本のシリンダを組み合わせ，ピストンにラックを切ったものです．

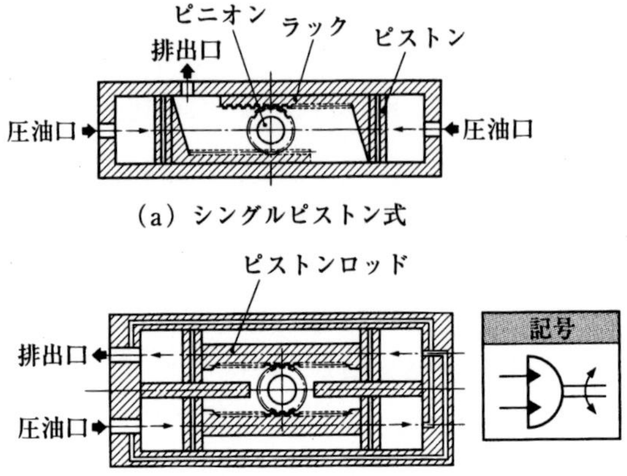

（a）シングルピストン式

（b）ダブルピストン式

図 3·10　ピストン形揺動モータの作動説明図

e. 揺動モータの使用上の注意点

揺動モータは簡易な動作として一般的に使用されることがありますが，次のことに注意する必要があります．

① **内部洩れ（ベーン形）**

内部洩れが多く，容積効率 40〜60 %と悪く，時には回路効率の低下の一因の場合がありますので，仕様を確認して使用する必要があります．

② **耐久性（ベーン形）**

仕様条件により異なりますが，一般的に寿命は約 1 年くらいです．

③ ピストンラック形は省スペースの部分での角度運動には最適ですが，価格面（高い！）の考慮が必要です．

以上から通常はクレビス形又はトラニオン形の油圧シリンダと機械式リンクの組合せが使用されています．

図 3·10 にピストン揺動モータの作動説明図を示します．

3·2　油圧ポンプ

油圧ポンプは電気エネルギを油圧エネルギに変換するもので，アクチュエータを作動させるため，電気エネルギ相当の圧力，流量を発生させ，配管や油圧機器を通して圧油を送り，油圧装置の動力源となり，次の種類に分かれています.

(1)　油圧ポンプの種類

油圧ポンプは容積形が使用され，歯車形，ベーン形，ピストン形が代表的なものです.

表 3・4 に油圧ポンプの種類を示します.

表 3・4　油圧ポンプの種類

- 油圧ポンプ
  - ピストンポンプ
    - アキシャルピストン形
      - 斜軸式
        - 定容量形
        - 可変容量形
      - 斜板式
        - 定容量形
        - 可変容量形
    - ラジアルピストン形
      - 偏心式
        - 外偏心形
        - 内偏心形
      - 多行程式
        - シリンダ回転形
        - カム回転形
  - 歯車ポンプ
    - 外接歯車ポンプ
    - 内接歯車ポンプ
  - ベーンポンプ
    - 定容量形
    - 可変容量形

(2)　油圧ポンプの内部構造

油圧ポンプは歯車形，ベーン形，ピストン形のいずれの構造も小さな容積と小さな面積を持ち，そこに小さな作動力(電動機)により，油圧ポンプの吐出し側に圧力と流量を供給できるようになっています.

図 3・11 に油圧ポンプの内部構造を示します.

(3)　油圧ポンプの作動説明

油圧ポンプは定容量形と可変容量形に分類され，構造上の違いを油圧ポンプの種類別に作動説明します.

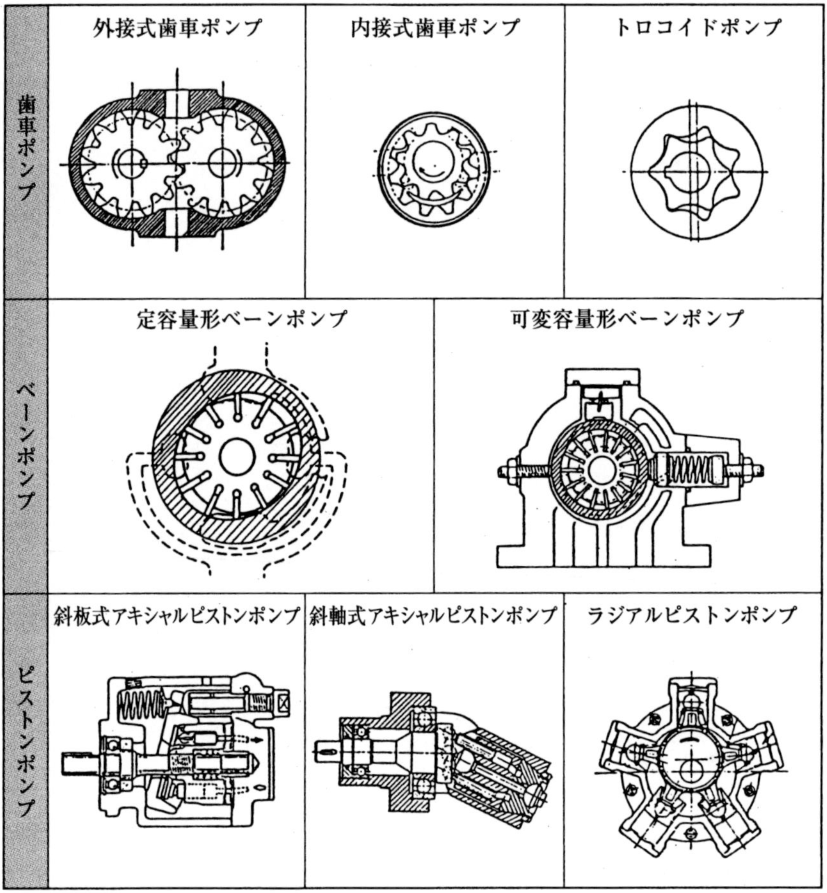

図3·11　油圧ポンプの内部構造

a.　歯車ポンプの作動

歯車ポンプは定容量形のみで外接式と内接式に分類します.

①　外接式歯車ポンプ

- インボリュート歯車を使用し，2枚の歯車が互いに反対方向に回転し，噛み合いの歯が離れるときに隙間が発生して吸込みが行われます.
- 吸込みから入る作動油を2枚の歯車の歯の間と側板をハウジングで抱えて作動油を吐き出します.

図3·12 に外接式歯車ポンプの作動説明図を示します.

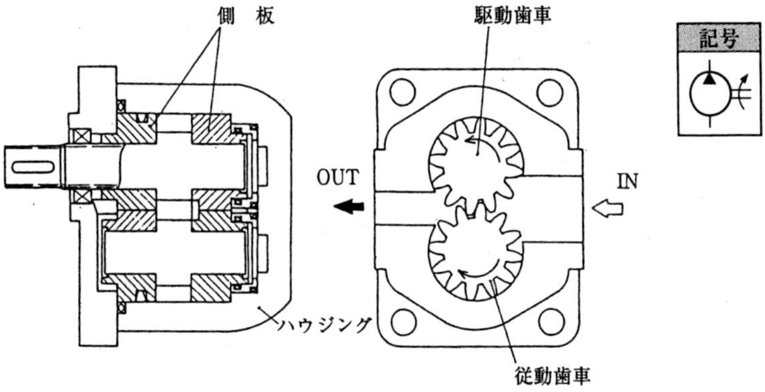

図 3•12　外接式歯車ポンプの作動説明図

②　内接式歯車ポンプ

- インボリュート歯車に噛み合うインターナル歯車をハウジングに内蔵し，吸込みと吐出しを区別するセグメント＊とフランジ，カバーによって隙間ができます．
- インボリュート歯車とインターナル歯車が同一方向に回転すると，吸込みにおいて 2 枚の歯車の歯の間に満たされた作動油はセグメントに区別され吐き出されます．

図 3•13 に内接式歯車ポンプの作動説明図を示します．

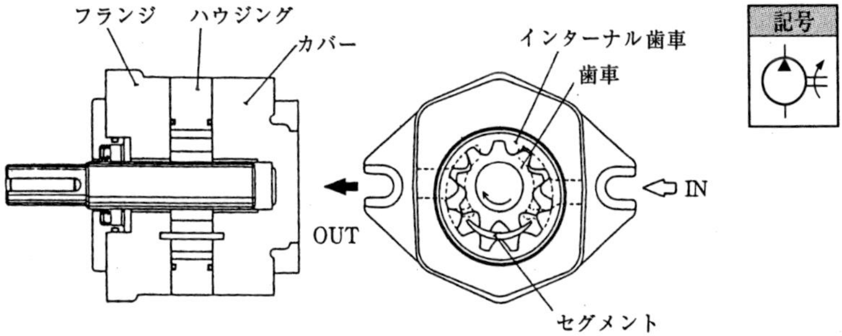

図 3•13　内接式歯車ポンプの作動説明図

b.　ベーンポンプの作動説明

ベーンポンプは定容量形と可変容量形に分類します．

＊　セグメント：仕切板ともいいます．

①　定容量形ベーンポンプ

- 定容量形は1回転当りの吐出し量が一定です．また，圧力を制御できないので圧力制御弁（リリーフ弁）と組み合わせて使用する必要があります．
- 定容量形はロータとカムリングの中心が一致しており，カムリング内径は楕円形になっていて，吸込みと吐出しポートが軸に対して対称の位置におのおの一対ずつあるので，圧力分布は軸に対して対称であり，圧力平衡になっています．
- ベーンは軸の回転による遠心力でカムリング内面に押し付けられます．その後，吐出しポートに発生する圧油をベーンの背後に導いて圧力をかけベーンをさらにカムリングに押し付けます．したがって，カムリング，ロータ，ベーン，プレートに囲まれた部分は吸込みポートから作動油を吸い込み，この作動油を加圧しながら吐出しポートより吐き出します．

図3･14に定容量形ベーンポンプの作動説明図を示します．

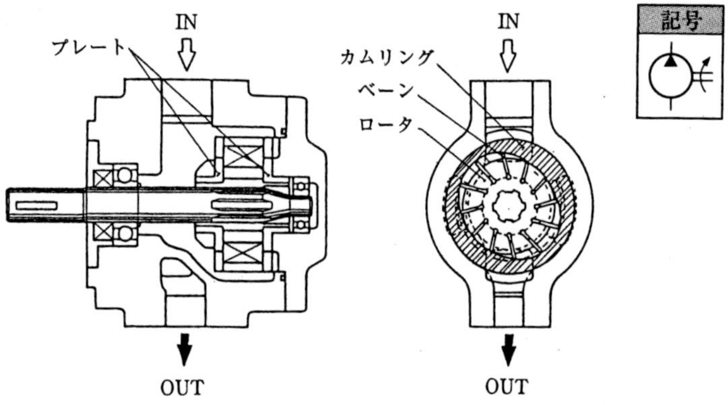

図3･14　定容量形ベーンポンプの作動説明図

②　可変容量形ベーンポンプ

- 可変容量形は設定圧力になると吐出し量をカットし，隙間からの洩れ（ドレン量）がタンクにもどります．このタイプは動力損失が少ないため，省エネとして油圧装置によく用いられます．

図3･15に可変容量形ベーンポンプ（OUT側無負荷時）の作動説明図

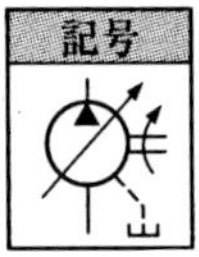

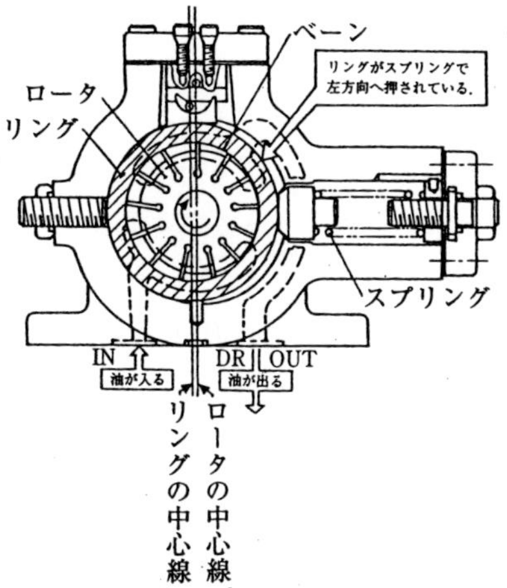

図 3·15　可変容量形ベーンポンプ（OUT 側無負荷時）の作動説明図

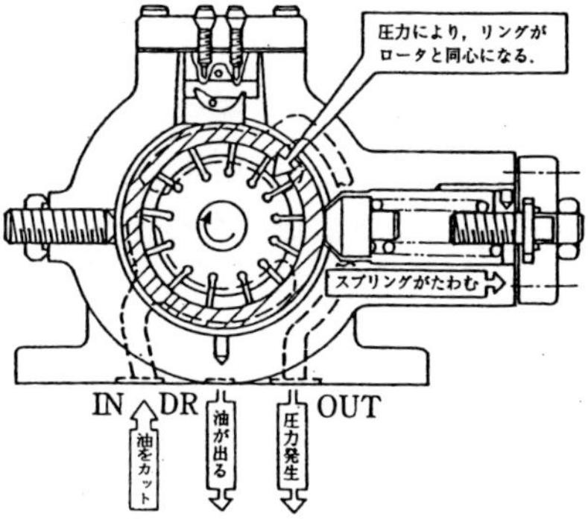

図 3·16　可変容量形ベーンポンプ（OUT 側設定圧力時）の作動説明図

を示します.

- 吐出し側が無負荷のときはスプリングによりリングが左側へ押されていて，ロータの中心と偏心しています．したがって，リング，ロータ，ベーンに囲まれた部分は吸込みポートから作動油を吸い込み，この作動油を吐出しポートより吐き出します．このときが作動圧力で圧油をアクチュエータへ全量送れる状態です.

図 3·16 に可変容量形ベーンポンプ（OUT 側設定圧力時）の作動説明図を示します.

- 吐出し側に圧力が発生し，その圧力が取付けのスプリング力以上になるとリングを中心側に動かして吐出し量をカットします（デッドヘッドといいます）．このときが設定圧力の状態です.

c.　ピストンポンプの作動

①　定容量形ピストンポンプの作動

- アキシャルピストン形とラジアルピストン形の 2 種類があります.

アキシャルピストン形……ピストンがポンプの軸と平行方向にストロー

クします.

ラジアルピストン形……ピストンがポンプの軸と直角方向にストロークします.

• アキシャルピストン形は斜板式と斜軸式の2種類があります.

斜板式……各ピストンが一方の端を斜板（スオッシュプレート）面に接し回転しながらストローク運動をして，吸込みポートから作動油を吸い込み，この作動油を吐出しポートより吐き出します.

図3･17に斜板式定容量形ピストンポンプの作動説明図を示します.

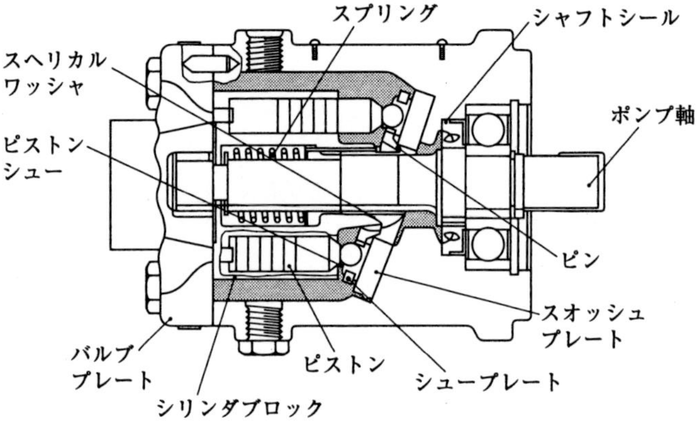

図3･17 斜板式定容量形ピストンポンプの作動説明図

斜軸式……各ピストンがピストンロッドを介してポンプ軸に結合されているので，軸とシリンダブロックの相対的な角度に従いストローク運動をして，吸込みポートから作動油を吸い込み，この作動油を吐出しポートより吐き出します.

図3･18に斜軸式定容量形ピストンポンプの作動説明図を示します.

• ラジアルピストン形は回転するシリンダで周囲に放射状にピストンを配列し，偏心したスラストリングの偏心量により，ピストンが往復運動をしてピントル弁のポートから作動油を吸い込み，吐き出します.

図3･19にラジアル定容量形ピストンポンプの作動説明図を示します.

② 可変容量形ピストンポンプの作動

アキシャルピストン形とラジアルピストン形の2種類があります.

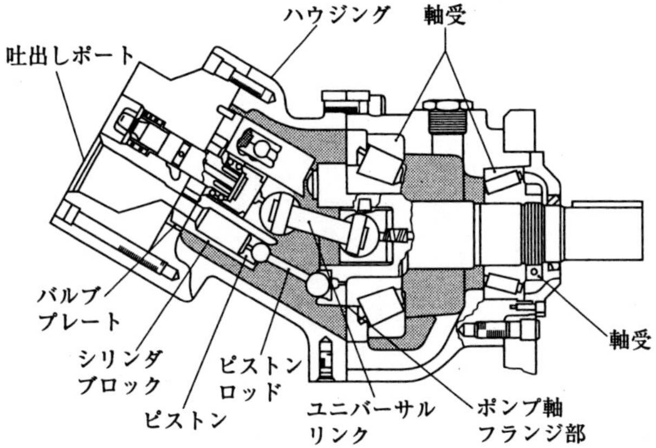

図 3・18　斜軸式定容量形ピストンポンプの作動説明図

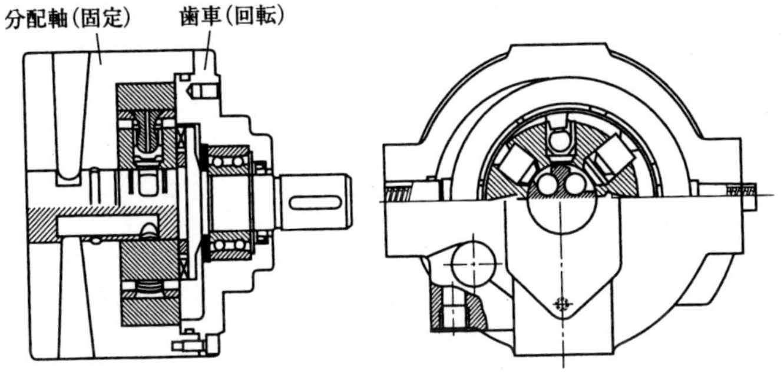

図 3・19　ラジアル定容量形ピストンポンプの作動説明図

- アキシャルピストン形には斜板式と斜軸式の 2 種類があります．

斜板式……定容量形との相違点はスオッシュプレート（斜板）を抱えたヨークが出力軸の周りを揺動でき，斜板角度を変化できるようになっています．斜板角度が減少して 0 になると吐出し量も 0 になります．さらに減少して反対方向に傾転すると吸込み・吐出しが逆転しヨークが 0 の両側に傾転できる方法があり，油圧トランスミッションに使用しています．また，斜板角度は最大時 15° ～18° が一般的です．

図 3・20 に斜板式可変容量形ピストンポンプの作動説明図を示します．

斜軸式……ポンプが吸込み・吐出しを行う作用は定容量形と同じです．

シリンダブロックから吐き出した圧油はバルブプレートを介してバル

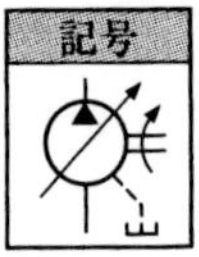

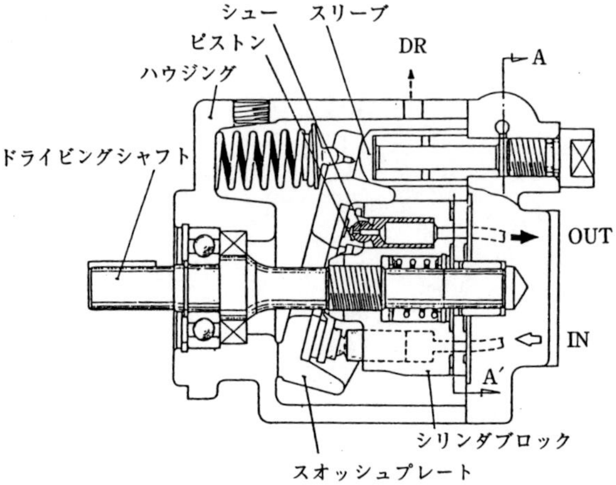

図 3･20　斜板式可変容量形ピストンポンプ

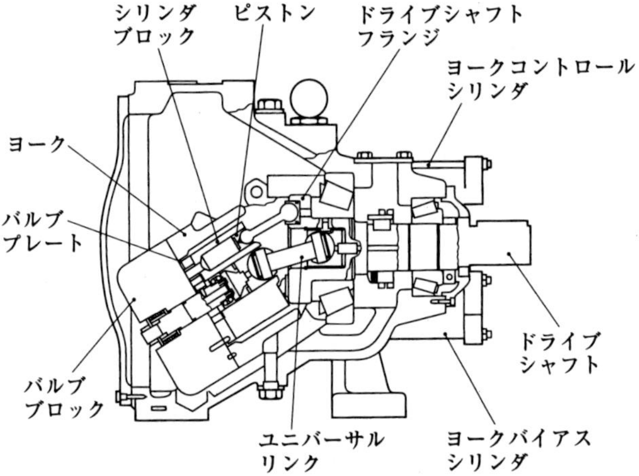

図 3･21　斜軸式可変容量形ピストンポンプ作動説明図

ブブロック内から吐き出し，一方のピストンの中心孔を通って吐き出します．吸込みは他方のピストン孔となっており，同様にヨーク，バルブブロックを経てシリンダブロックに至るようになっています．また，斜軸角度は最大時 25°～30° が一般的です．

図 3･21 に斜軸式可変容量形ピストンポンプの作動説明図を示します．

• ラジアルピストン形の作動説明は可変容量形ベーンポンプのリングと

ロータの偏心の関係と同じです．

(4)　油圧ポンプの動力計算

油圧ポンプの吐出し量と圧力が決まり，効率を決定すれば油圧ポンプを駆動する動力を計算することができます．

＜油圧ポンプの動力計算＞

(1)　容積効率

$$\eta_v = \frac{Q_1}{Q_0} \times 100$$

(2)　全効率

$$\eta_T = \frac{L_P}{L_M} \times 100$$

(3)　油圧ポンプの入力

$$L_P = \frac{P \times Q_1}{612 \times \eta_T}$$

(4)　電動機の出力

$$L_M = \frac{2\pi \times T \times N}{60 \times 102}$$

ここで，η_v：容積効率〔%〕，Q_0：無負荷時の油圧ポンプの吐出し量〔l/min〕
Q_1：実吐出し量〔l/min〕，η_T：全効率〔%〕
L_P：油圧ポンプの入力〔kW〕，L_M：電動機の出力〔kW〕
P：吐出し圧と吸込み圧の差圧〔MPa〕
T：入力軸トルク〔N·m〕，N：回転速度〔min^{-1}〕

3·3　方向制御弁

方向制御弁は油圧装置（油圧回路）の管路（配管・ゴムホース）の開閉や作動油の流れを制御するための弁です．

種類は方向切換弁・チェック弁・デセラレーション弁・電流制御弁・電気油圧サーボ系に分類されます．

表 3·5 に方向制御弁の種類を示します．

表 3・5 方向制御弁の種類

- 方向制御弁
  - 方向切換弁 (Directional Control Valves)
    - 手 動 式
    - 機 械 式
    - 油 圧 式 (空圧式)
    - 電 磁 式
    - 電磁油圧式
  - チェック弁 (Check Valves)
    - インラインチェック弁
    - ライトアングルチェック弁
    - パイロットチェック弁 (Pilot Operated Check Valves)
  - デセラレーション (Deceleration Valves)
    - 常時閉式
    - 常時開式
  - 電流制御弁
  - 電気・油圧サーボ系方向制御弁

(1) 方向切換弁

ポート口（穴径）と位置の数は接続される管路と弁の切り換える数を表します.

- ポート口が2つの2ポート弁は管路の作動油を断続するときに使用します. ポート口が4つの4ポート弁はアクチュエータの前進/後退, 上昇/下降および停止をするときに使います.
- 弁の切り換える数は通常2位置弁と3位置弁が使われ, 2位置弁は油圧機器の操作（パイロット）用または動作距離（ストローク）の短い（100 mm以内）油圧シリンダのときに使用します. 3位置弁はアクチュエータの動作全般の切換えと停止に使用します.

表 3・6 (1) (2) に切換記号と機能を示します.

a. 方向切換弁の内部構造と作動

構造上から種類を分類するとロータリ形とスプール形がありますが, ロータリ形は内部洩れが多く低圧使用のため, ここではスプール形について述べます.

スプール形はスプールが中立にあるときは各ポートともブロックのため作動油が流れることなく，油圧シリンダは停止しています．スプールを右行に切り換えると圧油はＰポートからＢポートに送られ，Ａポートの戻り油はＲポートへ戻され油圧シリンダは左へ移動します．また，スプールを左行に切り換えると油圧シリンダは右に移動します．

図3·22に方向切換弁の切換動作を示します．

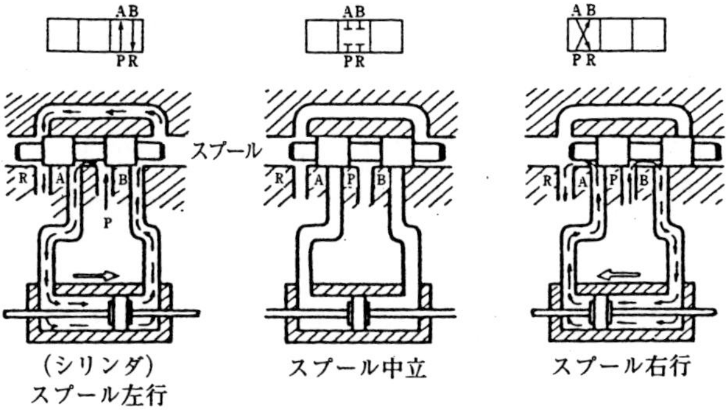

図3·22　方向切換弁の切換動作

スプール形はスプールの軸方向への油圧バランスが良いため，高圧・大流量に適しています．また，構造上内部洩れも少なくなっています．

次に操作別での構造について説明します．

①　**手動切換弁**

- 弁の切換え数によりスプリングセンタ形（3位置弁），ノースプリング形（デテント付・2位置弁），スプリングオフセット形（2位置弁）に分類されます．
- 切換えレバーを本体側に倒すとスプールは左に移動し，逆に引くとスプールは右に移動します．圧油と戻り油は図3·22と同じ流れになります．

図3·23に手動切換弁の内部構造図を示します．

②　**機械式切換弁**

ロッドはローラの向きを一定にしています．ローラはカムなどの機械的力で本体の中に押し込まれて管路の切換えをします．カムが離れるとスプリングの力で元の位置に戻ります．

表 3·6 (1) 切換記号と機能

種別	スプールの形式	記 号	スプール関係図	機能および用途
スプリングセンタ形	BCA	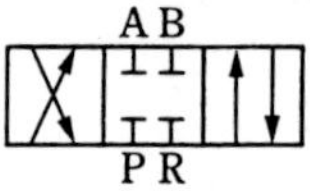		中立位置においてすべてのポートは閉じ，油の流れはないが，リークおよび切換時のサージ圧力に注意. シリンダの長時間定位置保持に使用する場合は注意.
	BDA	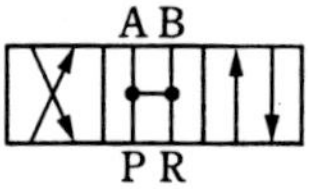		中立位置においてすべてのポンプをアンロードし，かつシリンダをフローティングする場合などに用いる. Rポートの背圧によってシリンダが作動することがあるので注意.
	BD1A	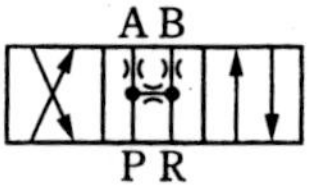	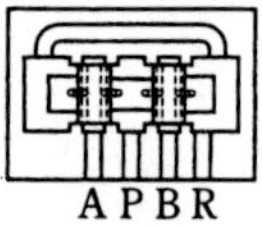	中立位置においてすべてのポートはセミオープンとなる. BCA形にくらべてショックは小さくなる. Rポートの背圧によってシリンダが作動することがあるので注意.
	BGA		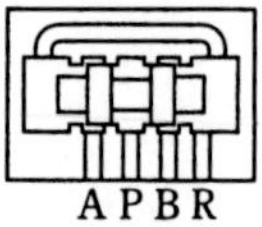	中立位置においてPポートの圧力を保持し，シリンダをフローティングする場合などに用いる. チェック弁を用いたシリンダの保持回路などに適する. Pポートのサージ圧力に注意. シリンダの飛び出しに注意.
	BG1A	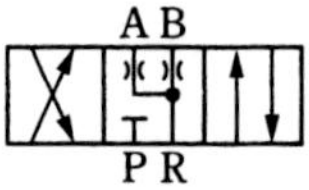	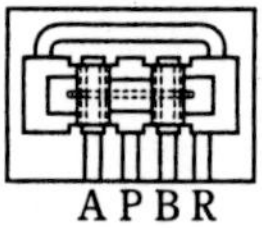	中立位置においてA, Bポートから Rポートへの流れをしぼる. シリンダの飛び出し防止に用いる.
	BMA	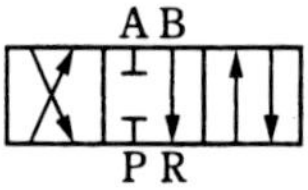	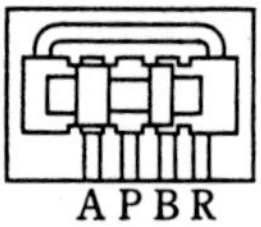	中立位置においてP ポートと A ポートを閉じ，B ポートを開放する場合などに用いる. シリンダの長時間定位置保持に使用する場合は注意. Pポートのサージ圧力に注意. シリンダの飛び出しに注意.
	BM1A	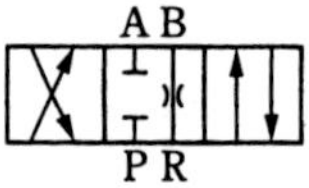	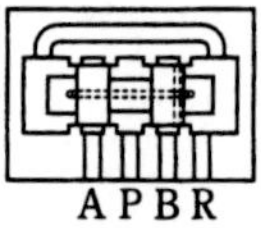	中立位置においてB ポートから Rポートへの流れをしぼる. シリンダの飛び出し防止に用いる.
	AEB		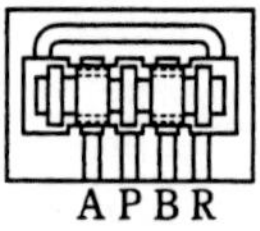	中立位置においてポンプをアンロードし，A, Bポートを閉じる場合などに用いる. バルブは直列に連結し交互に使用できるが圧力損失およびRポートの背圧に注意. シリンダの長時間定位置保持に使用する場合は注意. 切換位置の流路の記号が他の機種と逆であることに注意.
	BHA		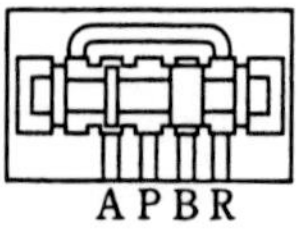	中立位置においてポンプをアンロードし，Bポートのみ閉じる場合などに用いる.

表 3·6 (2)　切換記号と機能

種別	スプールの形式	記　号	スプール関係図	機能および用途
ノースプリング形	BcA	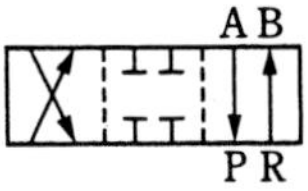		切換過渡期においてすべてのポートは閉じ，油の流れはない． 切換時のサージ圧力に注意． ソレノイドは常時励磁しておくこと． バルブ取付けの向きに注意． ※デテント付もあります．
	BdA			切換過渡期においてすべてのポートは通じあう．過渡期にP, A, Bポートが圧力降下するので注意． ソレノイドは常時励磁しておくこと． バルブ取付けの向きに注意．
	BgA			切換過渡期においてPポートのみ閉じられる．Pポートのサージ圧力に注意．過渡期にA, Bポートが圧力降下するので注意． ソレノイドは常時励磁しておくこと． バルブ取付けの向きに注意．
スプリングオフセット形	BcA			切換過渡期においてすべてのポートは閉じ，油の流れはない． 切換時のサージ圧力に注意．
	BdA		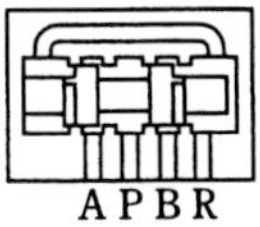	切換過渡期においてすべてのポートは通じあう．過渡期にP, A, Bポートが圧力降下するので注意．
	BgA			切換過渡期においてPポートのみ閉じられる． Pポートのサージ圧力に注意． 過渡期にA, Bポートが圧力降下するので注意．
	Kcp	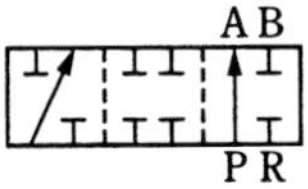		切換過渡期においてすべてのポートは閉じ，油の流れはない． 切換時のサージ圧力に注意． Rポートは詰せん(栓)をせず，タンクに配管すること．
	BC			スプリングオフセットにおいてすべてのポートは閉じ油の流れはないが，リークおよび切換時のサージ圧力に注意．
	BG			スプリングオフセットにおいてシリンダをフローティングする場合等に用いる． Pポートのサージ圧力に注意．

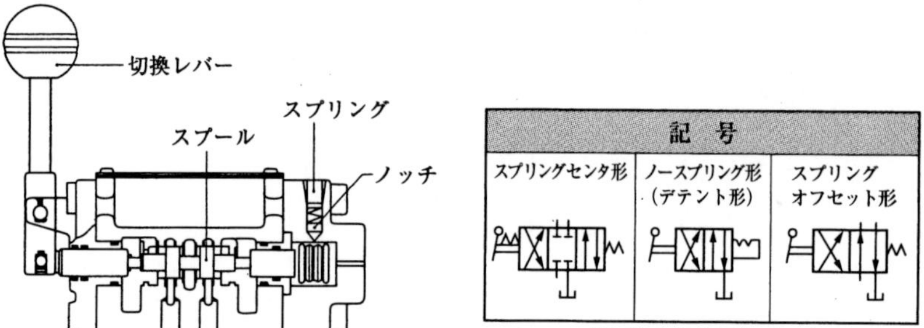

(記号は代表例とする)

図 3·23　手動切換弁の作動説明図

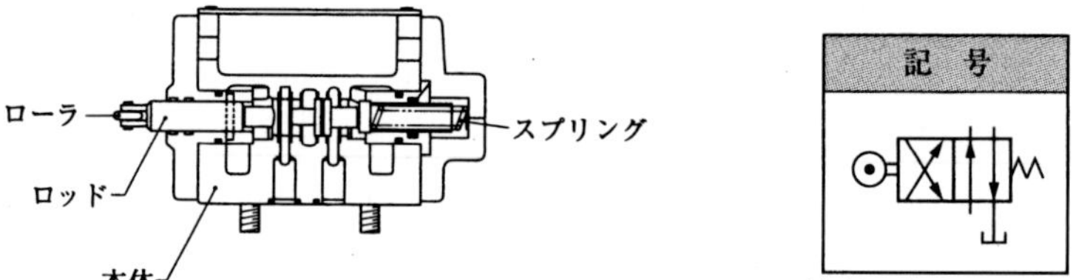

(記号は代表例とする)

図 3·24　機械式切換弁の作動説明図

図 3·24 に機械式切換弁の内部構造図を示します.

③　油圧切換弁

パイロット圧力(弁を操作するために導かれた圧油)がいずれか一方に送られ，スプールが右行または左行へ移動して管路の切換えを行います.

図 3·25 に油圧切換弁の内部構造図を示します.

④　電磁切換弁

スプールの移動をソレノイドの吸引力で行う方向切換弁です．ソレノイドが励磁すると吸引力によって切換ロッドが押され，スプールの切換えを行います.

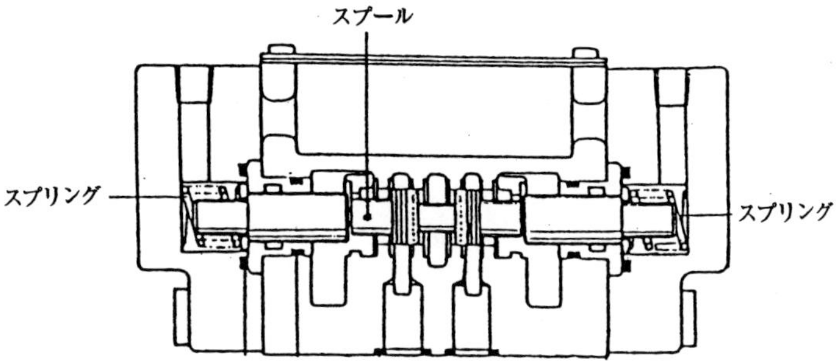

記　号		
スプリングセンタ形	ノースプリング形	スプリング オフセット形
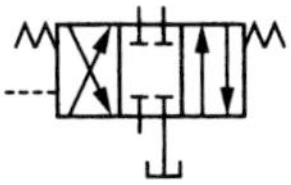	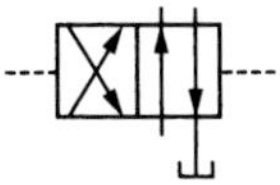	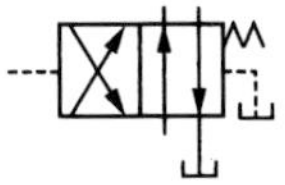

（記号は代表例とする）

図 3·25　油圧切換弁の作動説明図

図 3·26 に電磁切換弁の内部構造図，**図 3·27** にドライタイプの電磁切換弁の分解図を示します．また，ソレノイドの種類は**表 3·7** のように分類されます．

AC ソレノイドの 3 タイプについて以下に説明します．

図 3·28 に AC ソレノイドの吸引力特性を示します．

ドライタイプ……T 形プランジャタイプともいい，プランジャと固定鉄心は珪素鋼鈑を積層し，かしめています．これは大きなストロークで大きな力が出ます．

図 3·29 に AC ソレノイド（ドライタイプ）の内部構造図を示します．

ウェットタイプ……油浸タイプともいい，プランジャ部に作動油が入っています．これは大きな力を出すことは困難です．

図 3·30 に AC ソレノイド（ウェットタイプ）の内部構造図を示します．

ポペットタイプ……固定鉄心がハウジングを兼ねています．これは小型用に使用されます．

図 3·31 に AC ソレノイド（ポペットタイプ）の内部構造図を示します．

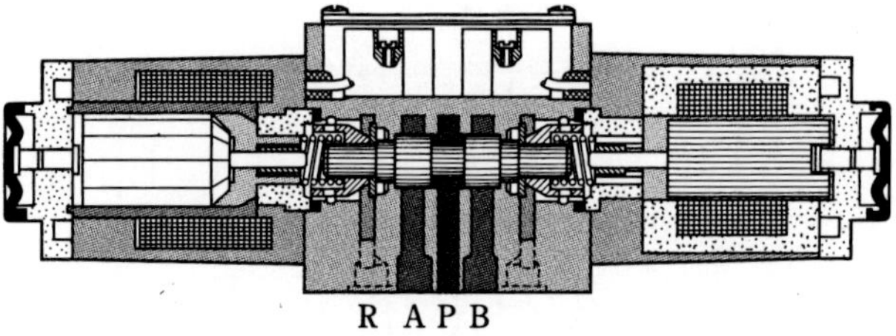

(a) ウエットタイプ

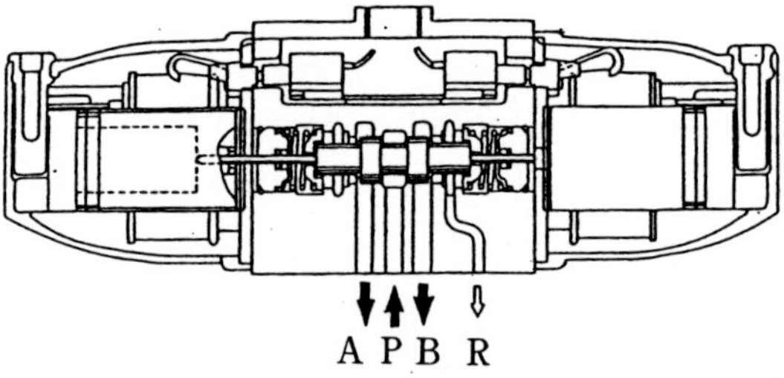

(b) ドライタイプ

記号		
スプリングセンタ形	ノースプリング形	スプリングオフセット形
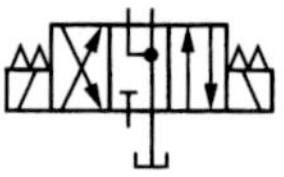	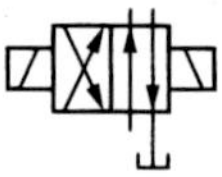	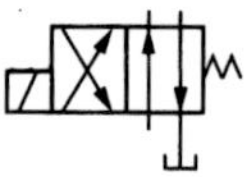

(記号は代表例とする)

図3・26　電磁切換弁の作動説明図

次に，AC-DC変換形ソレノイド，DCソレノイドについて説明します．

AC-DC変換形は内蔵された整流器によりDCソレノイドと同じ構造および特性を持っています．

図3・32にAC-DC変換形ソレノイド，DCソレノイドの内部構造図を示します．このソレノイドの特性は

- 大きな力は出せますが切換え時間が長くかかります．
- ストロークが長くなっても電流値は変わりません．

図3・33にAC-DC変換形ソレノイド，DCソレノイドの吸引力特性を示します．

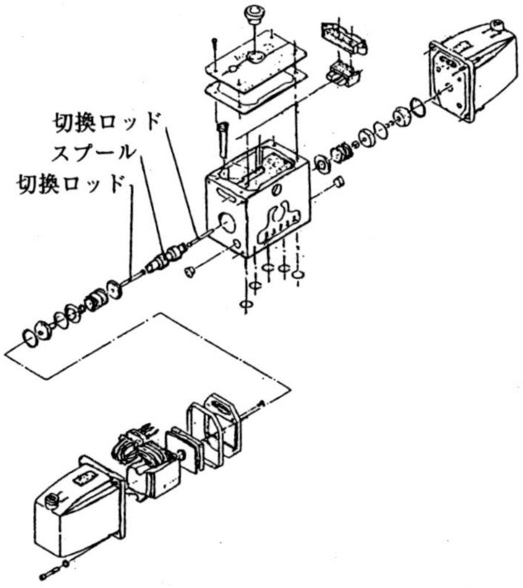

図 3·27　ドライタイプの電磁切換弁の分解図

表 3·7　ソレノイドの種類

- ソレノイド
  - AC ソレノイド
    - ドライタイプ
    - ウェットタイプ
    - ポペットタイプ
  - AC-DC 変換形ソレノイド
    - アルミダイキャスト形
    - 鋼管形
    - 積層形
  - DC ソレノイド

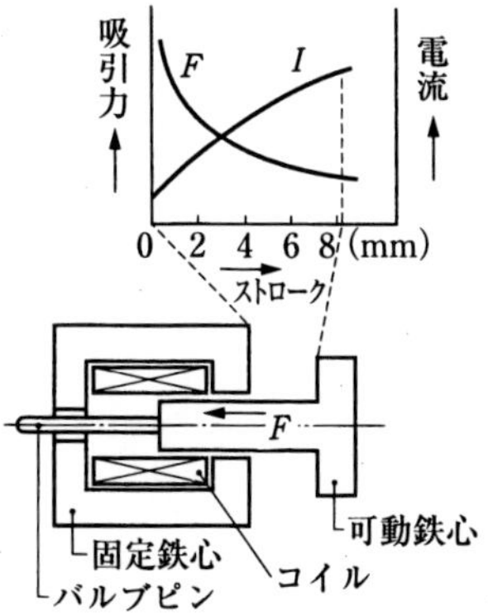

図 3·28　AC ソレノイドの吸引力特性

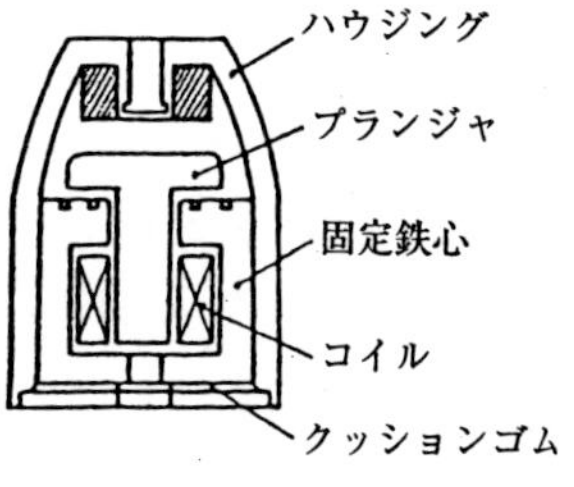

図 3·29　AC ソレノイド（ドライタイプ）の内部構造

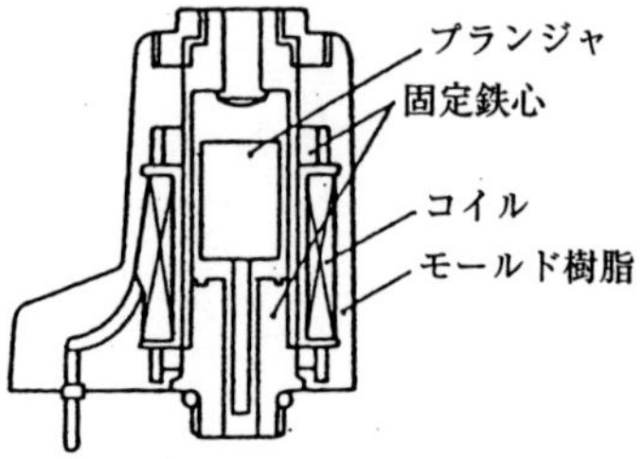

図 3·30　AC ソレノイド（ウェットタイプ）の内部構造

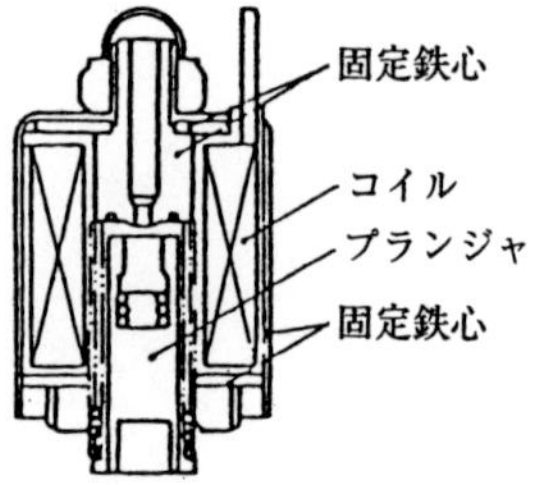

図 3·31　AC ソレノイド（ポペットタイプ）の内部構造

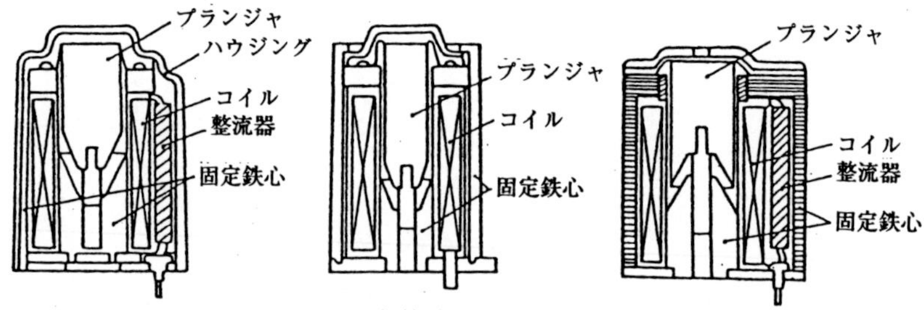

アルミダイキャスト形（整流器内蔵）　鋼管形　積層形（整流器内蔵）

図 3·32　AC−DC 変換形ソレノイド，DC ソレノイドの内部構造

以上のソレノイドの種類を**表 3·8** にまとめました．

⑤　電磁油圧切換弁

電磁切換弁と油圧切換弁を組み合わせたもので，電磁切換弁をパイロット弁として作動させ，パイロット圧力で切り換えることにより主弁のスプールを移動させる弁です．パイロット圧力は主弁の圧油と同一のポートから導く内部パイロット式と別の管路から導く外部パイロット式があります．また，パイロット圧力は 0.3 MPa 以上が必要です．

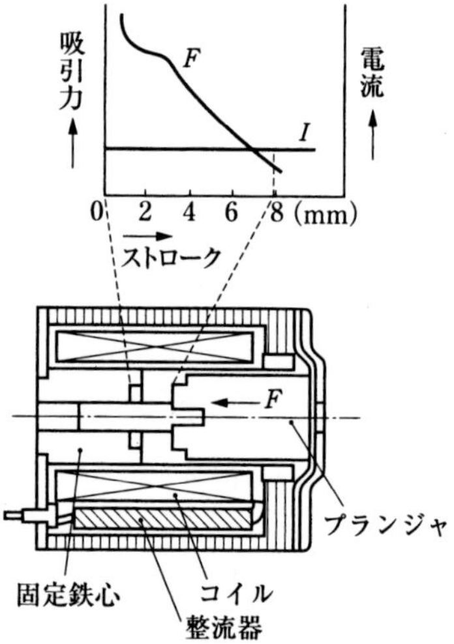

図 3·33　AC−DC 変換形ソレノイド，DC ソレノイドの内部構造

表 3・8　ソレノイドの種類別性能表

ソレノイドの種類	電源	コイル	起動電流	切換速度	吸着音	電流・電力	電圧範囲	絶縁の種類	外観形状
交流（AC）ソレノイド	交流	交流	大	早い	大	ストロークにより変化	−15%〜+10%	B種	ハウジングタイプ（アルミダイカスト形）
直流（DC）ソレノイド	直流	直流	小	遅い	小	ストロークに関係なく一定	−10%〜+10%		積層形
AC-DC変換形ソレノイド	交流	直流	小	遅い	小	ストロークに関係なく一定	−10%〜+10%		積層形
油浸形交流ソレノイド	交流	交流	大	早い	中	ストロークにより変化	−15%〜+10%		モールドタイプ

図 3・34 に電磁油圧切換弁の内部構造図を，**図 3・35** に電磁油圧切換弁の分解図を示します．

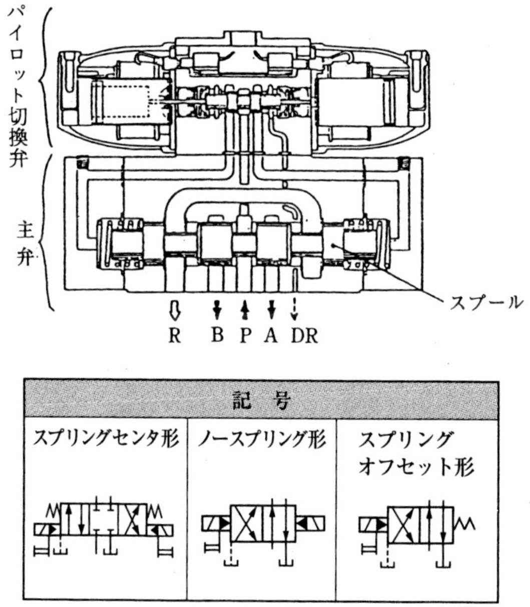

（記号は代表例とする）

図 3・34　電磁油圧切換弁の内部構造

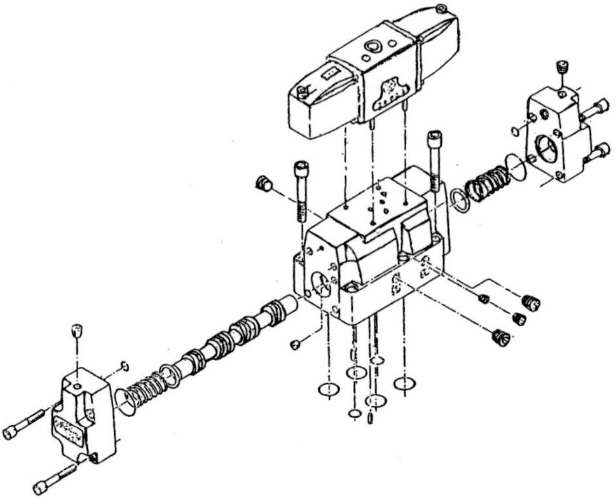

図 3･35　電磁油圧切換弁の分解図

b. 方向切換弁の性能

方向切換弁の性能には，最高使用圧力・定格流量・最大流量・内部洩れ・内部抵抗があります．

表 3･9 は方向切換弁の使用圧力と流量特性を表します．

(2)　チェック弁

一方向のみ流れを可能とし，反対方向の流れを阻止する弁です．また，パイロット圧力により反対方向の流れを可能にしたパイロット操作チェック弁があります．

a. チェック弁の種類と構造

チェック弁はインライン形とライトアングル形に分類され，内部構造は作動油の流れ方向と取付け方法で区別します．

図 3･36 にチェック弁の内部構造を，**図 3･37** にインラインチェック弁の分解図を，**図 3･38** にライトアングルチェック弁の分解図を示します．

作動は一方向に圧油の流れを自由に通過させますが，逆方向の圧油の流れは

表 3・9　方向切換弁の圧力と流量

<table>
<tr><th>名　称</th><th>呼び</th><th>接続方式
T：ネ　ジ
G：ガスケット
F：フランジ</th><th>最高使用圧力
〔MPa〕</th><th>定格流量
〔l/min〕</th><th>最大流量
〔l/min〕</th></tr>
<tr><td rowspan="3">電磁切換弁</td><td>$\frac{3}{16}$</td><td rowspan="3">G</td><td>21.0</td><td>6</td><td>11</td></tr>
<tr><td>$\frac{1}{4}$</td><td>35.0</td><td>20</td><td>38</td></tr>
<tr><td>$\frac{3}{8}$</td><td rowspan="9">21.0</td><td>38</td><td>76</td></tr>
<tr><td rowspan="3">電磁油圧切換弁</td><td>$\frac{3}{4}$</td><td rowspan="2">G</td><td>150</td><td>250
(300)</td></tr>
<tr><td>1</td><td>400</td><td>600
(800)</td></tr>
<tr><td>2</td><td>G・F</td><td>750</td><td>1 300</td></tr>
<tr><td rowspan="3">油圧切換弁</td><td>$\frac{3}{4}$</td><td rowspan="2">G</td><td>150</td><td>250</td></tr>
<tr><td>$1\frac{1}{4}$</td><td>400</td><td>600</td></tr>
<tr><td>2</td><td>G・F</td><td>750</td><td>1 300</td></tr>
<tr><td rowspan="2">手動切換弁</td><td>$\frac{3}{8}$</td><td rowspan="2">G</td><td>–</td><td>76</td></tr>
<tr><td>$\frac{3}{4}$</td><td>–</td><td>130</td></tr>
<tr><td>機械式切換弁</td><td>$\frac{1}{4}$</td><td>T・G</td><td>14.0</td><td>–</td><td>11.5</td></tr>
</table>

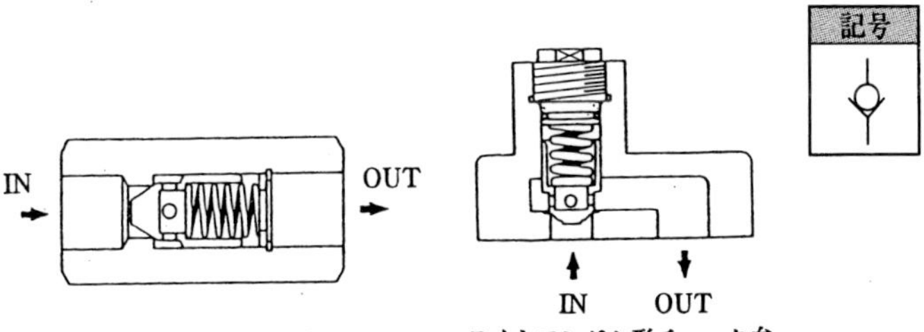

インライン形チェック弁　　ライトアングル形チェック弁

図 3・36　チェック弁の内部構造

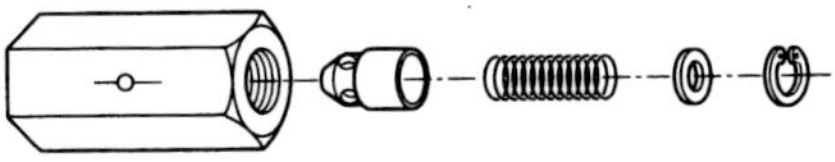

図 3・37　インライン形チェック弁の分解図

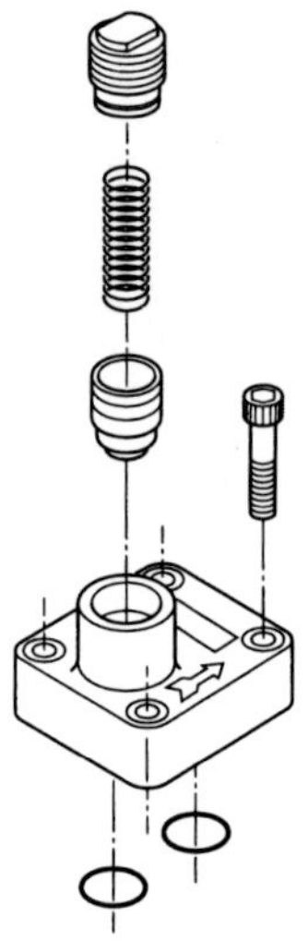

図3･38　ライトアングル形チェック弁の分解図

止めてしまう働きがあります．通過の際，チェック弁の通し始め圧力（クラッキング圧力）を変えて，その圧力を利用することがあります．また，チェック弁自体で使用する場合と，他の油圧機器に組み込まれて使用する場合があります．

b. パイロット操作チェック弁の種類と構造

パイロット操作チェック弁は内部ドレン形と外部ドレン形があり，圧油の流れがOUT側からIN側の際にIN側に背圧がかかるときは外部ドレンタイプを使用します．

図3･39にパイロット操作チェック弁の内部構造を，**図3･40**にパイロット操作チェック弁の分解図を示します．

作動はIN側からOUT側へ圧油を通過するときはチェック弁と同じ動作をしますが，OUT側からIN側へ圧油を通過するときは外部からパイロット圧力を与えて流すことができます．このパイロット圧力をパイロットピストン面に伝え，OUT側の圧力の40％以上でチェック弁を押し上げてOUT側からIN側へ圧油を通過させます．また，OUT側の圧力10％以上で働くデコンプレッション弁（圧抜き弁）があります．

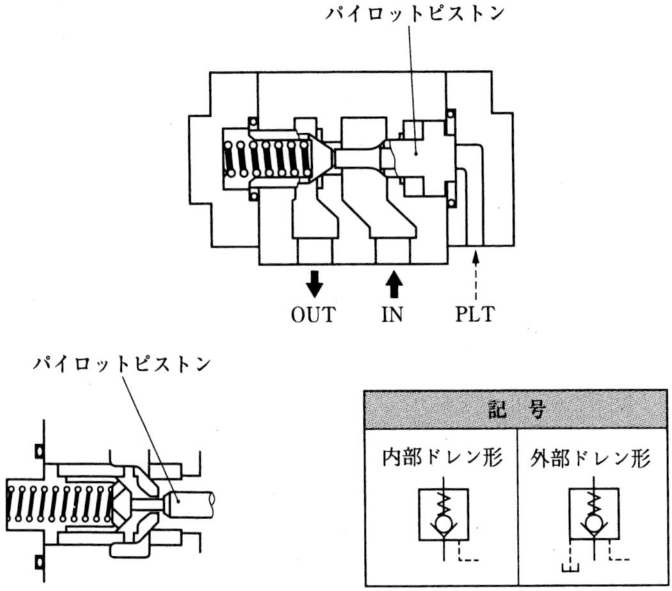

圧抜き弁の詳細図

図 3·39　パイロット操作チェック弁の内部構造図

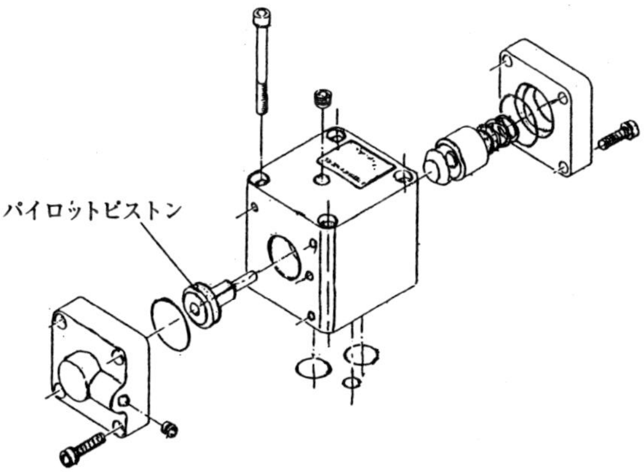

図 3·40　パイロット操作チェック弁の分解図

c.　パイロット操作チェック弁の性能

性能はチェック弁と同じですが，油圧シリンダの落下防止などに使用するため保圧力（OUT 側の閉じ込め圧力）のあるものが必要です．チェック弁と違うのはパイロット圧力（PLT）により，OUT 側から IN 側に作動油を流す機能を持っています．

図 3·41 にパイロット操作チェック弁の特性を示します．

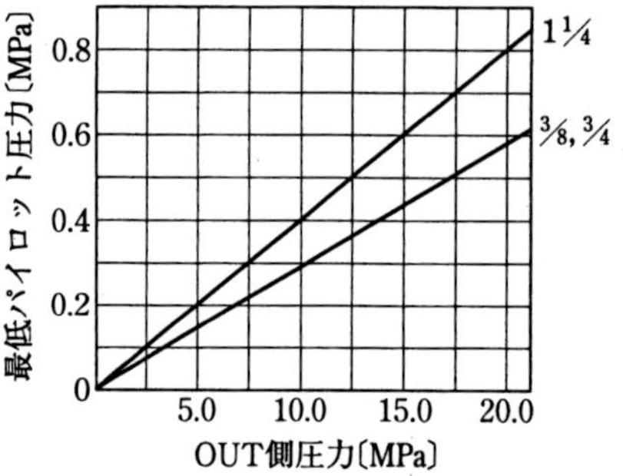

パイロット操作チェック弁
の最低パイロット圧力（PLT）

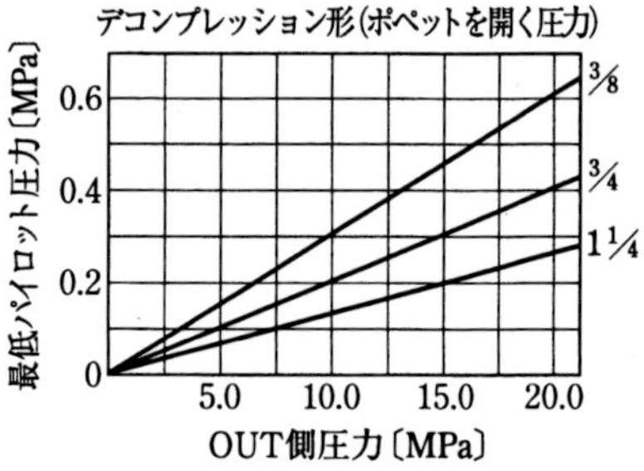

デコンプレッション弁*
の最低パイロット圧力（PLT）

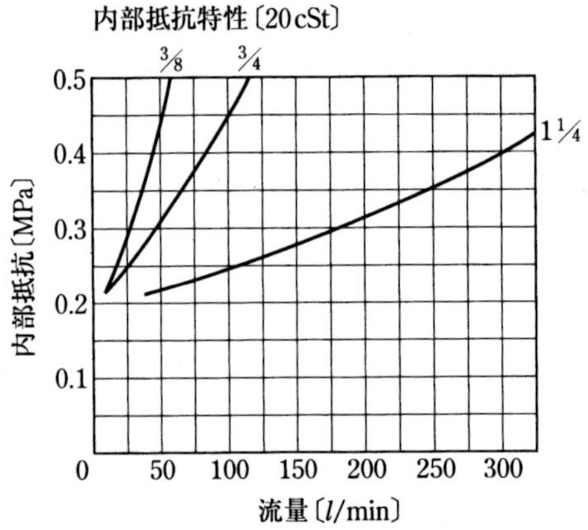

図 3·41　パイロット操作チェック弁の性能

(3)　デセラレーション弁

アクチュエータの速度を次第に減速したり，次第に増速するときに使用するものです．通常ではカム式で操作します．

---

*　デコンプレッション弁：閉じ込めた圧油（特にプレス回路）を急激に開放した際，衝撃が発生しないように圧抜きのできるパイロット操作チェック弁です．

a. デセラレーション弁の種類と構造

種類としては，スプリングオフセット時にIN側とOUT側の圧油の通過を常時開にしたものと常時閉にしたものがあります．

図3·42 はデセラレーション弁の特性を表します．

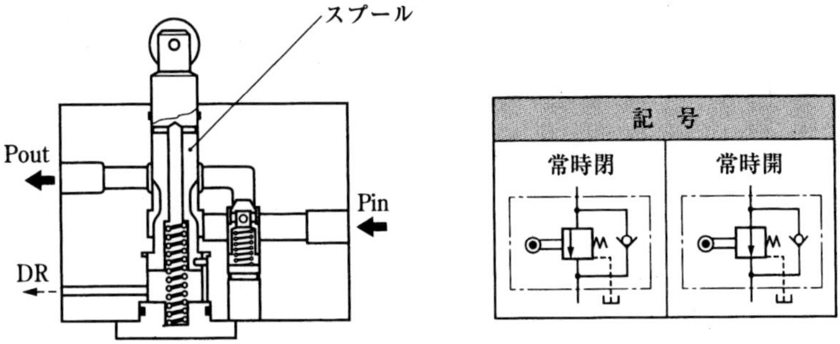

図3·42　デセラレーション弁の内部構造

他の方向切換弁と異なり，ストロークに応じて通過流量が調整でき，円滑な減速，増速を行うことができます．

作動はカムなど機械的にスプールが押されるとスプールが次第に下がり，スプールのテーパ部の流量調整で次第に絞っていきます（常時開の場合）．

b. デセラレーション弁の性能

図3·43 にデセラレーション弁の特性を示します．

(4)　電流制御（比例電磁）弁

電気信号（通常は直流）で方向および流量を任意に連続および断続的に制御します．

a. 電流制御方向流量調整弁

方向切換機能に流量調整弁を加えた電流制御弁です．入力電流の極性で方向切換えをし，電流値の大小で流量調整を行います．搬送装置の荷重高速移動をスムーズに加速したり，減速するときに短時間で行うことができます．

図3·44 に電流制御方向流量調整弁の構造と特性を示します．

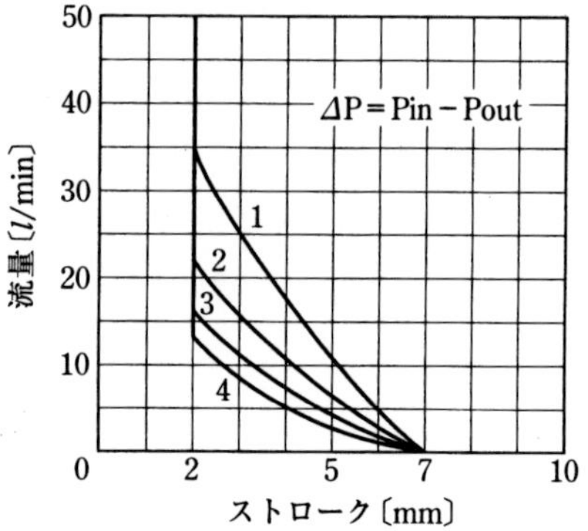

1…… ΔP＝7.0 MPa　　3…… ΔP＝1.5 MPa
2…… ΔP＝3.0 MPa　　4…… ΔP＝1.0 MPa

図3·43　デセラレーション弁の性能

①　電流制御方向流量調整弁の種類と作動

種類は直動形と2段増幅形があります．

直動形は，直流比例ソレノイドの電磁力とスプリング力との関連で得られる変位によりスプール弁のスプール位置を制御します．

2段増幅形は主弁に圧力平衡形スプール弁を使用し，そのパイロット圧力を直動形電流圧力制御弁で圧力調整して，主弁のスプール位置を制御します．

作動は一般に3位置スプール弁と2個の直流比例ソレノイドで構成され2個の直流比例ソレノイドの片方を励磁することで方向制御し，励磁電流に比例して移動するスプールの開口面積で流量調整をします．

②　アンプ

電流制御弁は最大入力電流は400 mAで，一般的に電気信号（0～5 V直流）を増幅するコントローラが必要です．

コントローラは3つの機能があります．

- 増幅機能

直流電圧を0～400 mAの直流電流に増幅します．

- 時間遅れ機能

ゆっくり動作するためにステップ状の入力信号に対し，出力電流で一次電気信号によって連続的に変化する圧力，流量などを簡単に得ることができ，油圧機器による回路では不可能であった高度な制御が可能となります．下図は，電磁比例方向流量制御弁を使用した加速，減速制御回路です．

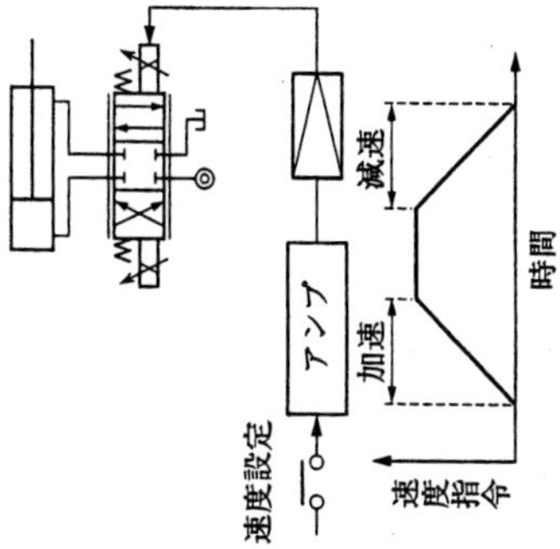

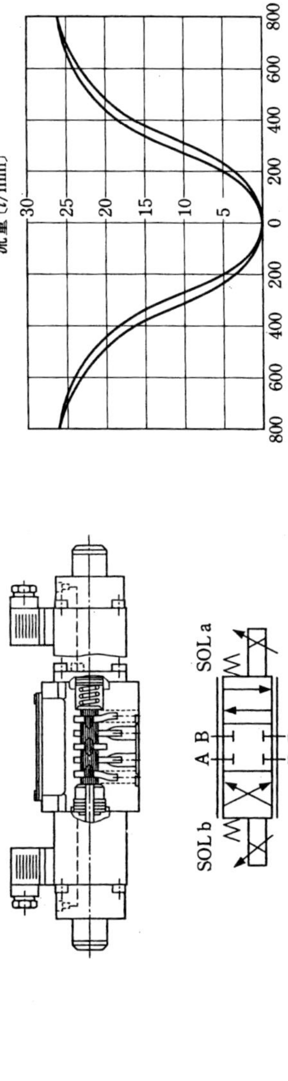

（a）電流制御方向流量調整弁（直動形）の構造と特性

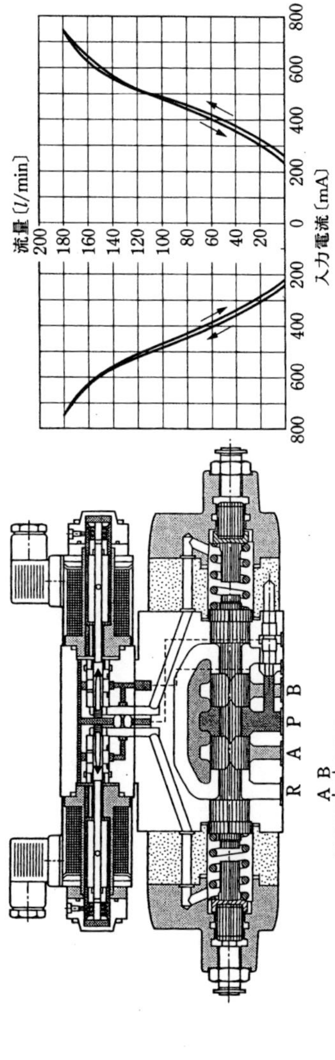

（b）電流制御方向流量調整弁（2段増幅形）の構造と特性

図 3・44　電流制御方向流量調整弁の特性

遅れ機能を持たせて行います.

- ディザ機能

出力電流の直流に微小な電流の交流を重複することにより，スティックの防止と敏感な制御が可能になります.

電流制御は一般にオープンループで行いますが，特に精度を要するときはクローズドループもあります.

図 3•45 にアンプブロック図を，**図 3•46** にトルクモータの入力電流－出力特性を示します.

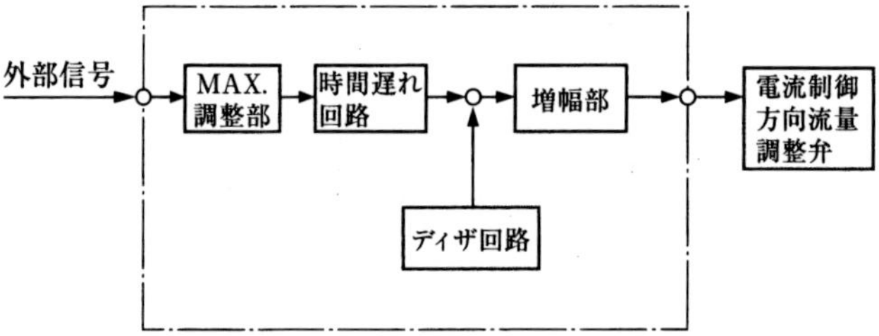

図 3•45 アンプブロック図

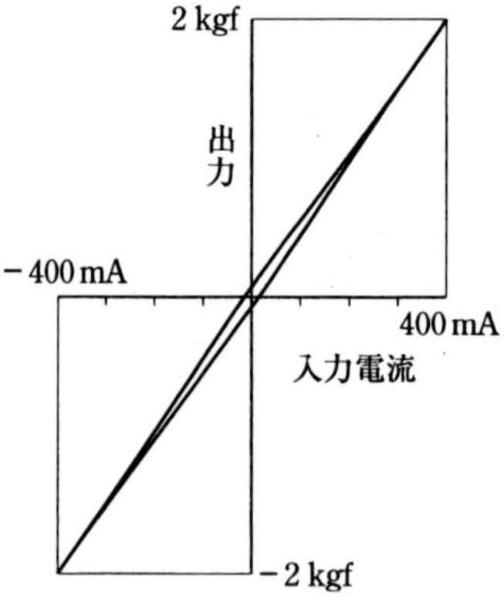

図 3•46 トルクモータの入力電流－出力特性

③ 電流制御方向流量調整弁の性能

方向切換機能に流量調整機能を持たせた電流制御弁です．入力電流の極性で方向切換を行い，電流の大きさで流量調整を行います.

図 3·47 に電流制御方向流量調整弁の入力電流特性を示します.

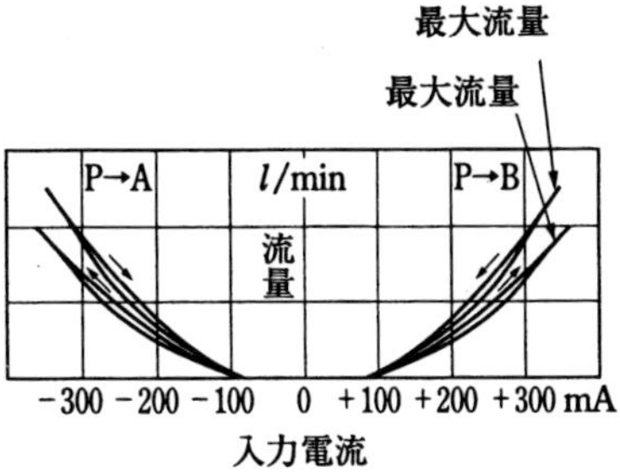

図 3·47 電流制御方向流量調整弁の入力電流－流量特性

④ その他の電流制御弁

方向切換機能，流量調整機能以外に油圧機器であるリリーフ弁，減圧弁のばね制御（圧力制御）を電流制御に置き換えた機構のものがあります.

図 3·48 は電流制御リリーフ弁の特性を，**図 3·49** は電流制御リリーフ弁の制御の種類を，**図 3·50** は電流制御減圧弁の特性を表します.

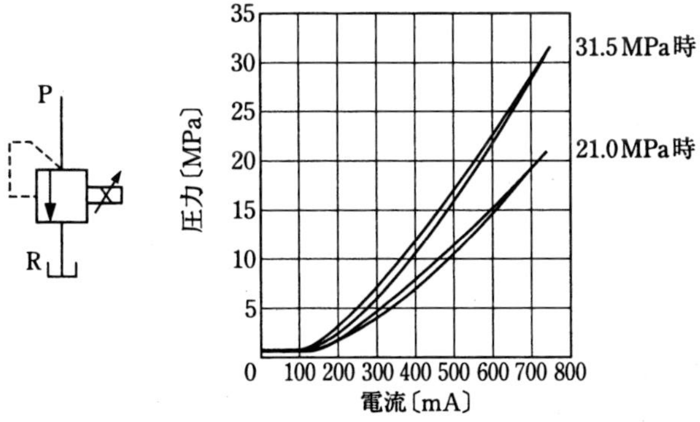

図 3·48 電流制御リリーフ弁の特性

	従来回路例	電流制御弁回路例	説　明
遠隔操作	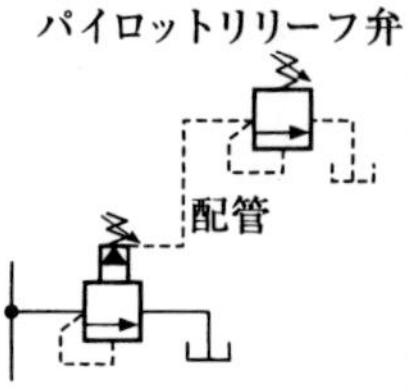	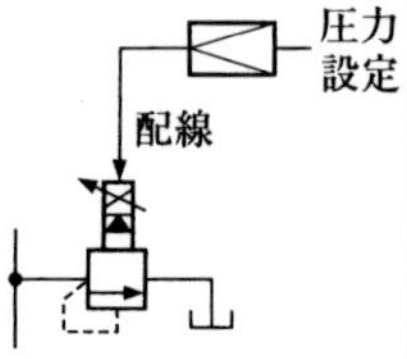	圧力，流量などの指令を配線により電気的に伝送できるため，指令場所から操作端までの距離の拘束がありません．
多段制御	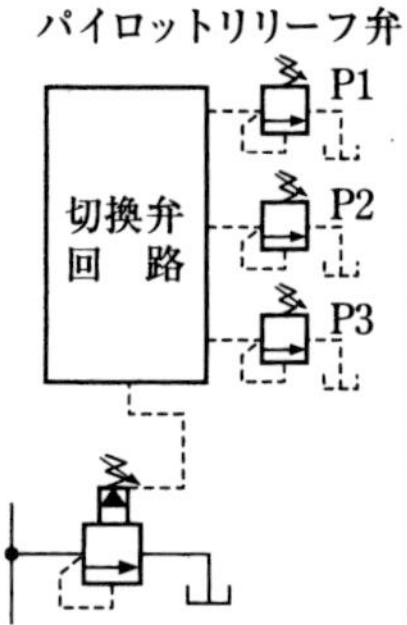	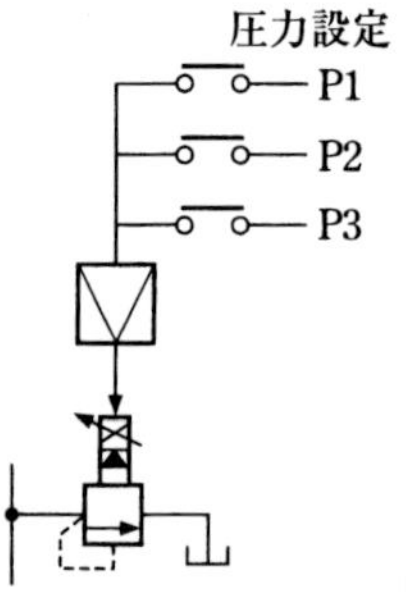	電磁比例制御弁を1個設けるのみで，圧力流量などの多段切換回路を電気回路に置き換えることができ，装置がシンプルになります．

図 3·49　電流制御リリーフ弁の制御の種類

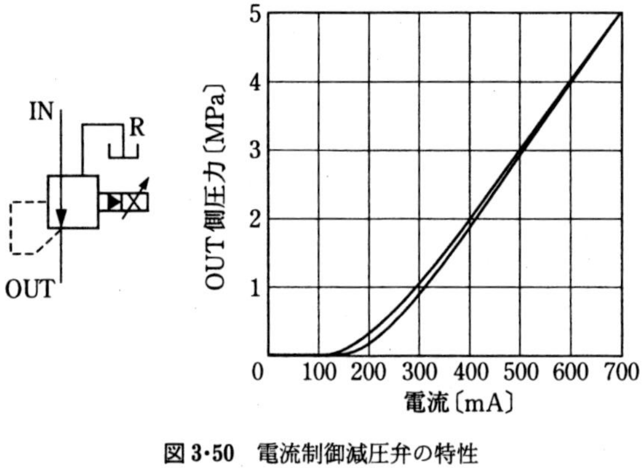

図 3·50　電流制御減圧弁の特性

(5) 電気油圧サーボ系

アクチュエータで駆動される制御対象の位置・速度・力を電気信号で与えられる目標値を正確に追従させるように構成したものです．サーボ系はフィードバック（閉ループを構成して出力側の信号を入力側に戻すこと）制御によって制御量を目標値と比較して，それを一致させるように修正動作を行うものです．

その電気油圧サーボ系の基本構成を**図 3·51** に示します．

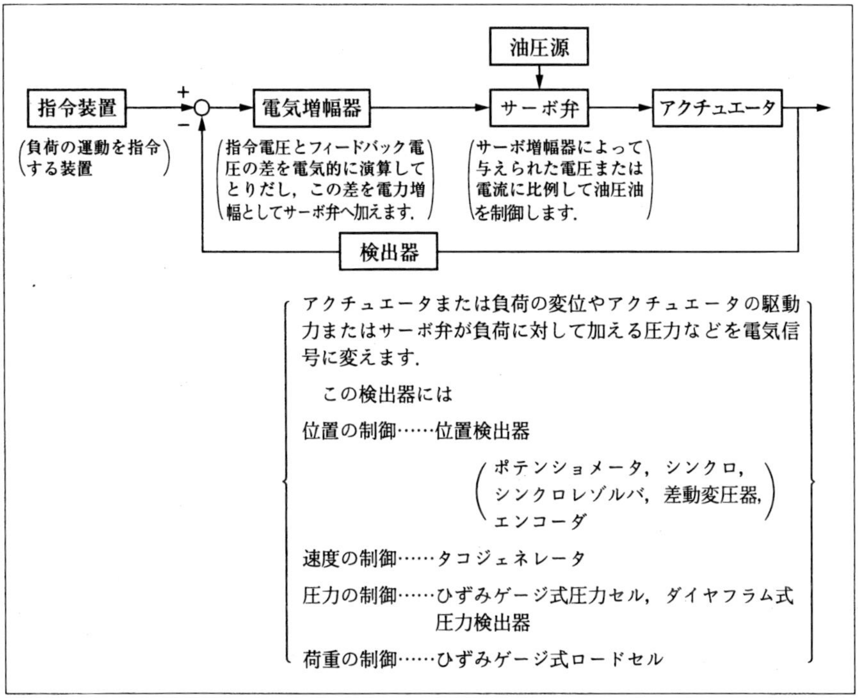

図 3·51 電気油圧サーボ系の基本構成

a. 電気油圧サーボ系の制御システムと作動

これには演算処理された微弱な電気信号を油圧にする電気油圧サーボ弁と電気油圧サーボポンプがあります．

図 3·52 に各種制御のサーボシステムを示します．

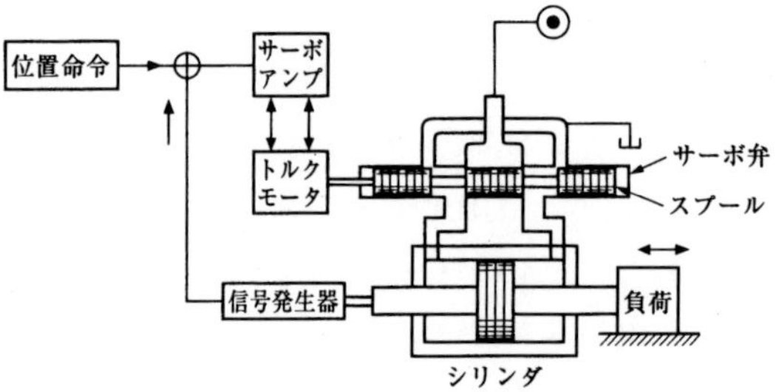

(a) 位置制御サーボシステム（電気油圧サーボ弁）

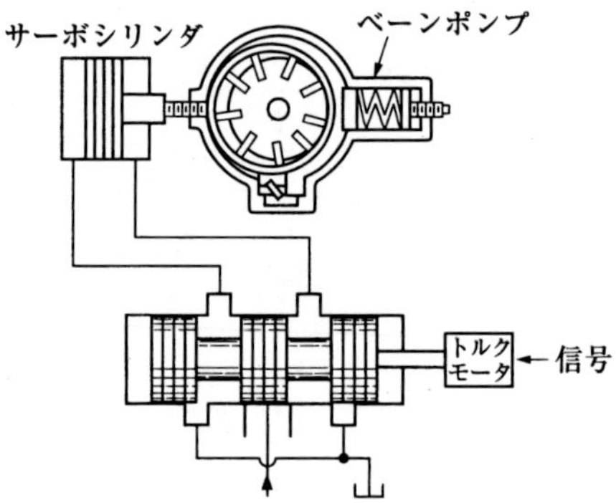

(b) ポンプ制御システム（電気油圧サーボポンプ）

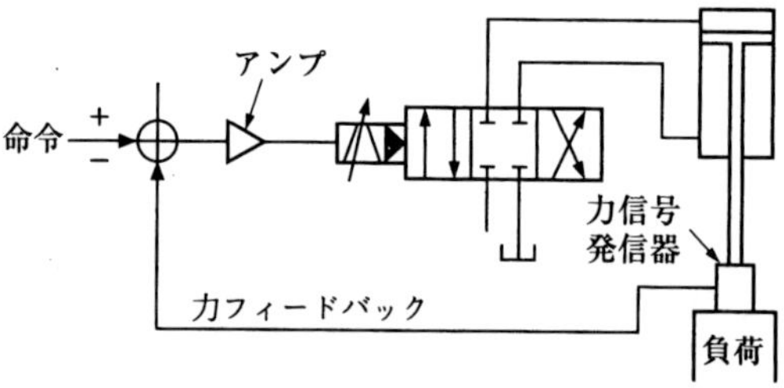

(c) 力制御サーボシステム（電気油圧サーボ弁）

図3·52　各種制御のサーボシステム

b. 電気油圧サーボ系の作動

- トルクモータのコイルに電流が与えられると，それに比例した回転トルクが発生してフィードバックバネからの反力とバランスする位置までフラッパを傾かせます．

- フラッパの傾きによって左右ノズルの背圧がアンバランスとなり，スプール両端のパイロット室の圧力に差圧を生じさせてスプールを変位させます.
- スプールが変位するとフィードバックバネの一方が引張られ，トルクモータのトルクに対抗しながらフラッパを中立位置に戻します.
- フラッパが中立まで戻ると左右ノズルの背圧がバランスしてスプールが停止します．その結果，入力電流に比例したスプール位置が得られます.

図 3·53 に電気油圧サーボ弁の内部構造図を示します.

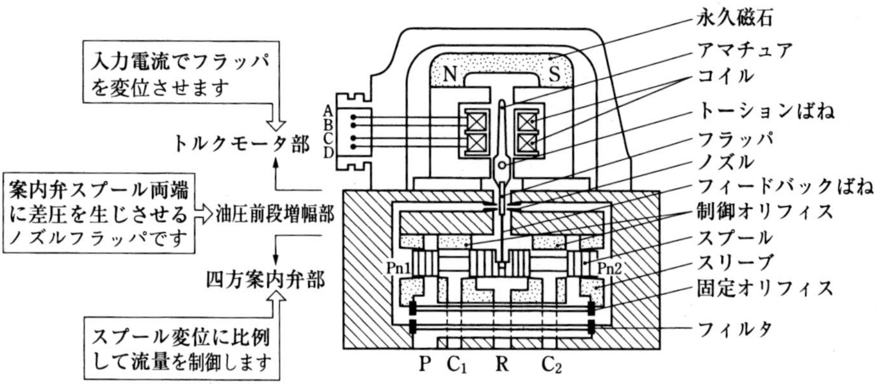

図 3·53　電気油圧サーボ弁の内部構造図

c. 電気油圧サーボポンプの作動

油圧ポンプの吐出し流量を電気信号に比例させて制御できるようにしたもので，油圧ポンプで直接アクチュエータを制御することができます．油圧ポンプは一般的に可変容量形アキシャルピストンを使用し，その傾転角を電気油圧サーボ機構により制御して電気信号に比例した吐出し流量を得ることができます.

図 3·54 は電気油圧サーボポンプのサーボ弁機構による構成を表します.

d. 電気油圧サーボ系の性能

電気油圧サーボ弁を使用する場合の基本特性は入力電流-流量，出力電流-負荷圧力，負荷圧力-流量および周波数応答があります.

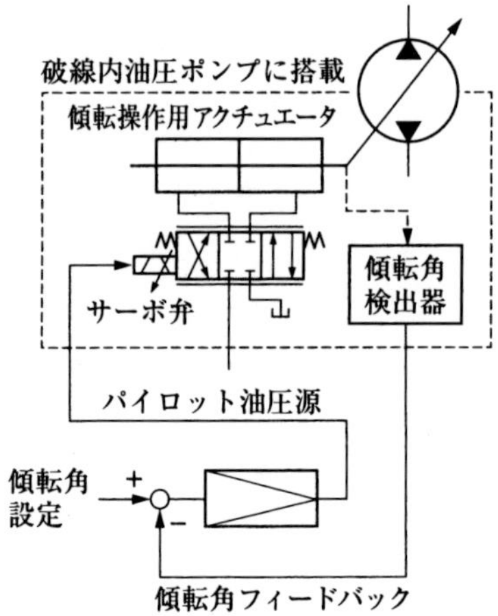

図 3・54　電気油圧サーボポンプのサーボ弁機構による構成

① **入力電流－流量特性－図 3・55** (a)

一定の負荷圧力で，入力電流 i に対する流量 Q の関係を示す特性で Q/i の値を流量ゲインといいます．

② **出力電流－負荷圧力特性－図 3・55** (b)

一定の供給圧力で，出力電流 i と負荷圧力 P_l との関係を示す特性で P_l/i の値を圧力ゲインといいます．

③ **負荷圧力－流量特性－図 3・55** (c)

入力電流 i をパラメータとして，負荷圧力 P_l と流量 Q の関係を示す特性です．負荷圧力 P_l に対して出力流量が比較的一定であれば流量ゲインの変化が少なくて，良好な特性になります．

④ **周波数応答特性－図 3・55** (d)

サーボ系の入力電流 i を振幅一定な正弦波状に変化させ，その周波数を変えた場合，流量 Q の正弦波状の変化を調べて，入力電流と出力電流との間の振幅比と位相差を示したものです．

図 3・55 は電気油圧系の特性を表します．

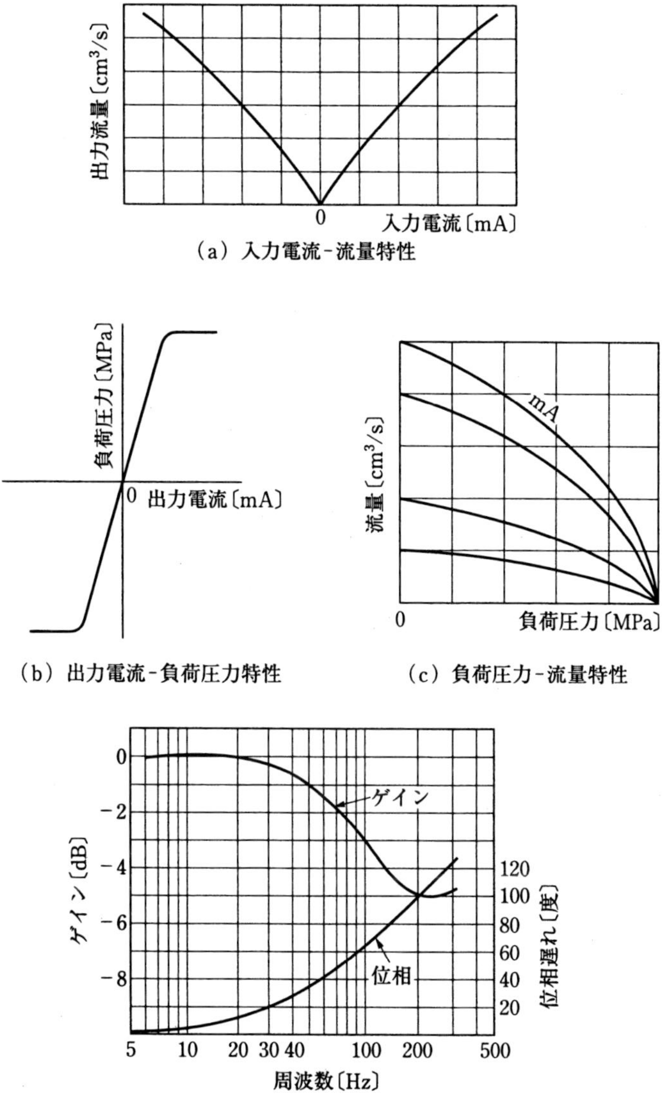

（a）入力電流-流量特性

（b）出力電流-負荷圧力特性

（c）負荷圧力-流量特性

（d）周波数応答特性

位相遅れ＝入力電流の位相角－出力電流の位相角〔°〕

振幅比＝$20\log_{10}\dfrac{\text{出力電流の振幅}}{\text{入力電流の振幅}}$〔dB〕

図 3·55　電気油圧系の特性

3・4　圧力制御弁

圧力制御弁は油圧ポンプなどによって発生した油圧装置内の圧力を制御する弁です．種類はリリーフ弁・減圧弁・シーケンス弁・カウンタバランス弁・アンロード弁に分類されます．

表3・10に圧力制御弁の種類を示します．

表3・10　圧力制御弁の種類

- 圧力制御弁
  - リリーフ弁 (Relief Valves)
    - 直動形 (Direct Type)
    - 圧力平衡形 (Balance Piston Type)
  - 減圧弁 (Reducing Valves)
    - 直動形 (Direct Type)
    - 圧力平衡形 (Balance Piston Type)
  - シーケンス弁 (Sequence Valves)
  - カウンタバランス弁 (Counter Balance Valves)
  - アンロード弁 (Unloading Valves)

(1)　リリーフ弁

リリーフ弁は定容量形ポンプの圧力を制御したり，アクチュエータから伝達してくる異常圧力を安全に制御する弁です．

a.　リリーフ弁の種類と構造

構造上から分類すると直動形（ダイレクト形）と圧力平衡形（バランスピストン形）があります．

①　直動形（ダイレクト形）リリーフ弁

直動形リリーフ弁は，低圧用とパイロット用として使用します．低圧（3.5 MPa以下の圧力調整）は構造上，圧力を調整するばねの力が大きくなり，組付けができなくなるためです．また，パイロット用は圧力制御のバランスピストンの構成としても使用します．

図 3·56 に直動形リリーフ弁の内部構造図を，**図 3·57** に直動形リリーフ弁の分解図を，**図 3·58** に直動形リリーフ弁（パイロットリリーフ弁）の内部構造図を示します．

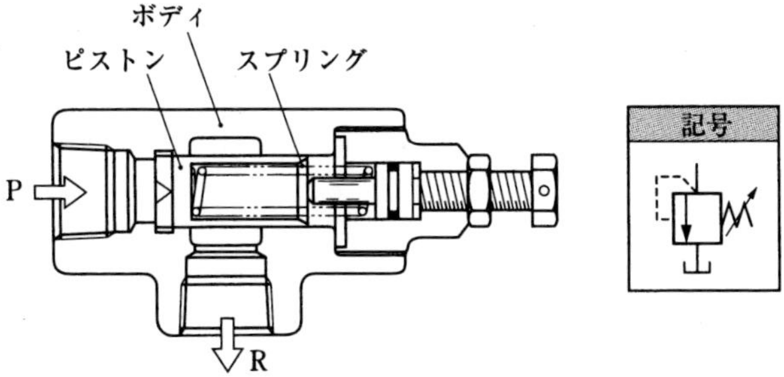

図 3·56　直動形リリーフ弁の内部構造図

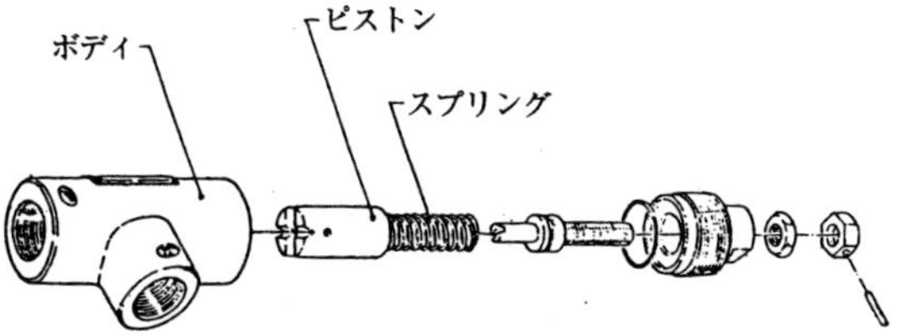

図 3·57　直動形リリーフ弁の分解図

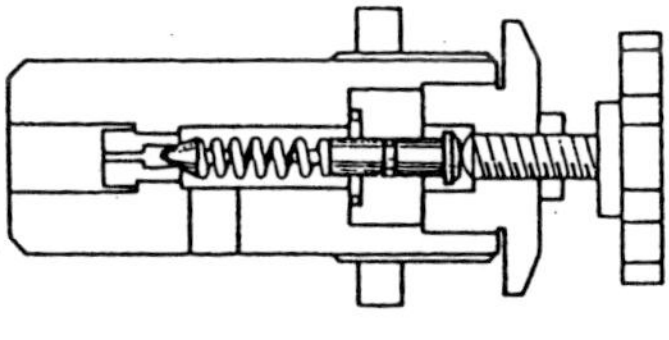

図 3·58　直動形リリーフ弁（パイロットリリーフ弁）の内部構造図

作動については油圧回路内の圧力（P）が上昇してピストンを押し開ける力がスプリング力より大きくなるとピストンが移動して作動油がタンク（R）へ戻されます（設定圧力時）．圧力（P）が下降するとピストンはスプリング力によって元の状態に戻されます（作動圧力時）．

この弁は構造が簡単でピストンが開いて作動油をタンク（R）へ戻すと

きにピストンが振動をし，ピストンのシート面を激しくたたいて騒音を発する現象（チャタリング現象）を起こしやすいため，低圧（1.5 MPa以内）・高圧小容量（パイロット用など）として使用します．

② **圧力平衡形（バランスピストン形）リリーフ弁**

構造的には直動形リリーフ弁とパイロットリリーフ弁を組み合わせたもので高圧用として使用します．

図3･59に圧力平衡形リリーフ弁の内部構造を，**図3･60**にその分解図を示します．

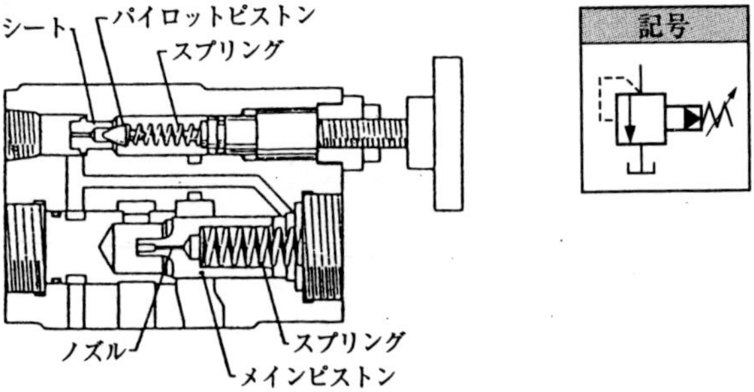

図3･59　圧力平衡形リリーフ弁の内部構造図

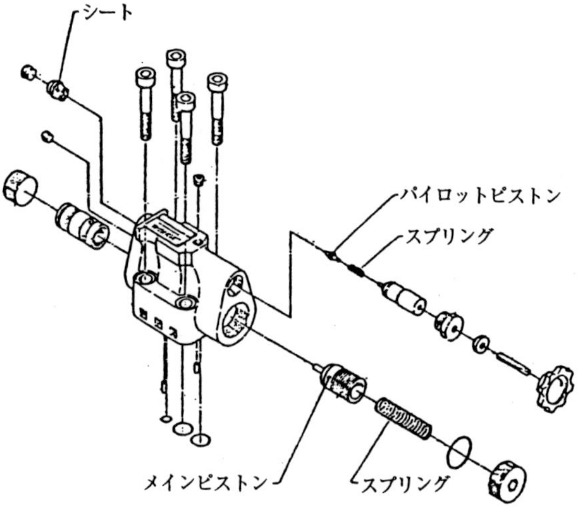

図3･60　圧力平衡形リリーフ弁の分解図

作動は油圧回路内の圧力 (P) が上昇してパイロットピストンのスプリング力より大きくなるとパイロットピストンが移動して作動油がタンク (R) へ戻されます．このとき，メインピストン両側の作用面に働く圧力がノズルの小さな穴による内部抵抗分だけ圧力差を生じ，圧力の平衡がくずれてメインピストンを押し開いて作動油をタンクへ戻します (設定圧力時).

この弁はチャタリング現象を起こしにくく，性能がすぐれているため，定容量形ポンプの圧力制御用などに使用します．また，遠隔操作もできます.

図 3･61 に遠隔操作をした圧力平衡形リリーフ弁とパイロットリリーフ弁を示します.

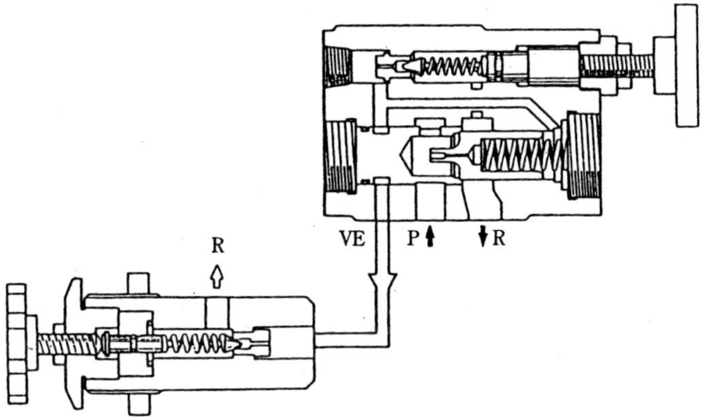

図 3･61　遠隔操作をした圧力平衡形リリーフ弁とパイロットリリーフ弁

b. リリーフ弁の性能

圧力オーバライド特性はリリーフ弁の定格流量 (逃がし流量) と圧力を示すもので，クラッキング圧力と設定圧力の差をいいます．リリーフ弁から流量を逃がさない状態 (クラッキング圧力以下) で油圧シリンダを動作したとき，油圧ポンプの吐出し量を全量，油圧シリンダに送った状態で最も効率的です．また，ヒステリシスとはクラッキング圧力から設定圧力までと設定圧力からレシート圧力までの差をいいます.

図 3･62 にリリーフ弁の圧力オーバライド特性を示します.

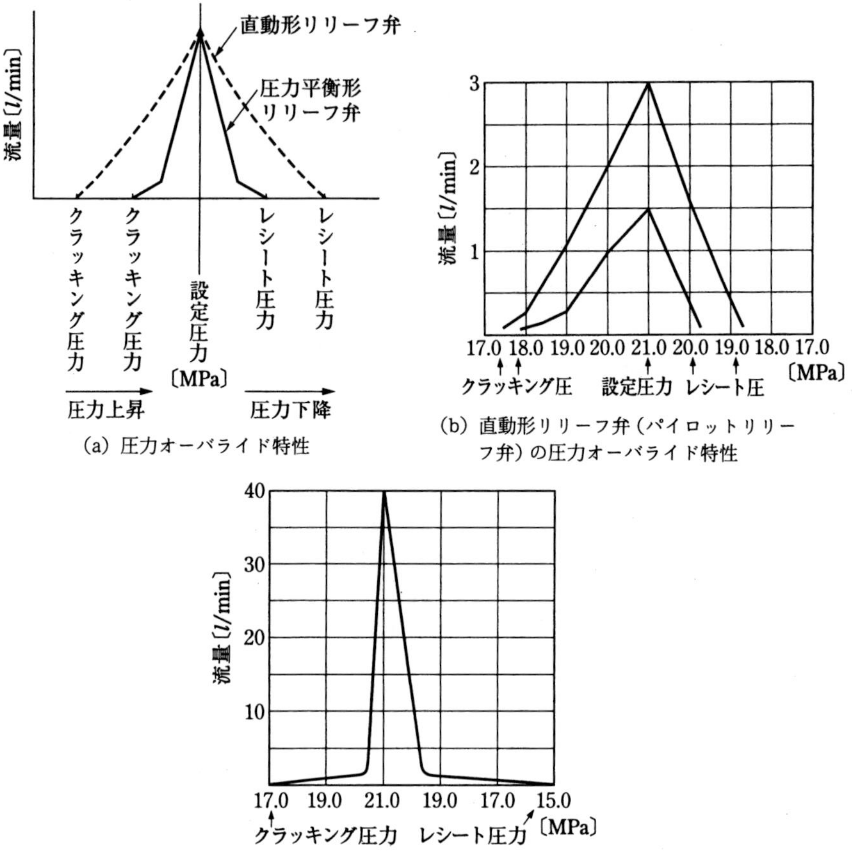

(a) 圧力オーバライド特性

(b) 直動形リリーフ弁（パイロットリリーフ弁）の圧力オーバライド特性

(c) 圧力平衡形リリーフ弁の圧力オーバライド特性

図3・62　リリーフ弁の圧力オーバライド特性

(2) 減圧弁

油圧ポンプの吐出し流量により油圧回路内の分岐管路の圧力を下げたいときに使用する弁です.

a. 減圧弁の種類と構造

構造上から分類すると直動形（ダイレクト形）と圧力平衡形（バランスピストン形）があります.

①　直動形（ダイレクト形）減圧弁

構造的には低圧用として使用します．**図 3･63** に直動形減圧弁の内部構造図を示します．

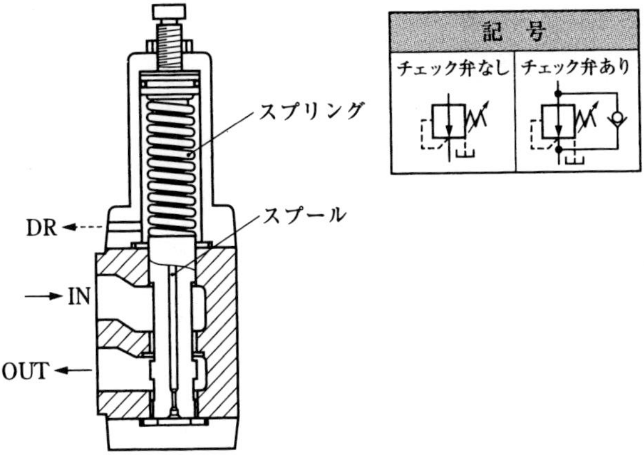

図 3･63　直動形減圧弁の内部構造図

作動は油圧回路内の IN 側の圧力が OUT 側に入り，IN 側の圧力になろうと圧力が上昇してきたとき，OUT 側の減圧弁の設定圧力に近づくとスプールの下面にスプリング力以上の圧力が働いて，スプールを押し上げて IN 側と OUT 側の開度を調整して作動油の制限により減圧制御を行います．また，構造的にチェック弁付もあります．

②　圧力平衡形（バランスピストン形）減圧弁

構造的には直動減圧弁とパイロットリリーフ弁の組合せで高圧用として使用します．

図 3･64 に圧力平衡形減圧弁の内部構造を，**図 3･65** に圧力平衡形減圧弁の分解図を示します．

作動は圧力平衡形リリーフ弁と同じ原理ですが，違うのはスプールが OUT 側の圧力で制御されることと，作動前のスプールの状態が IN 側と OUT 側に常時開となっていることです．また，遠隔操作もでき，構造的にチェック弁付があります．

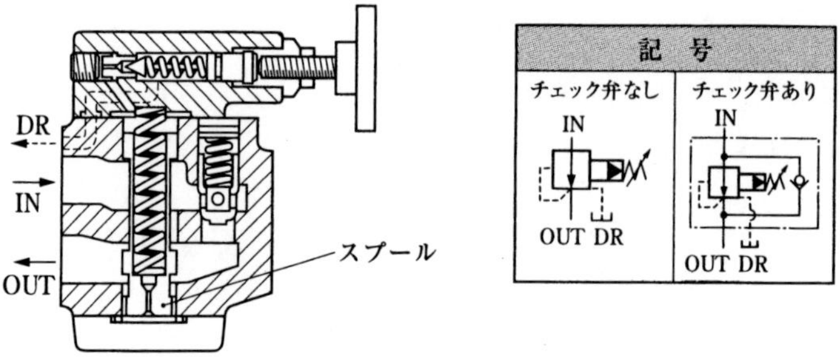

図 3・64　圧力平衡形減圧弁の内部構造図

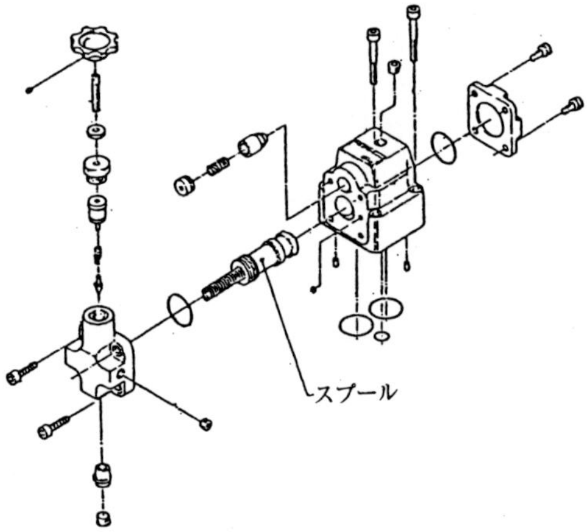

図 3・65　圧力平衡形減圧弁の分解図

b.　減圧弁の性能

減圧弁の通過流量により油圧シリンダを作動させる作動圧力以上の設定圧力を決めるときに，圧力オーバライド特性が必要になります．設定圧力が低かった場合，減圧弁の制御により流量が絞られ，油圧シリンダは求める速度より遅くなってしまいます．

図 3・66 に減圧弁の圧力オーバライド特性を，**表 3・11** に直動形減圧弁と圧力平衡形減圧弁の比較を示します．

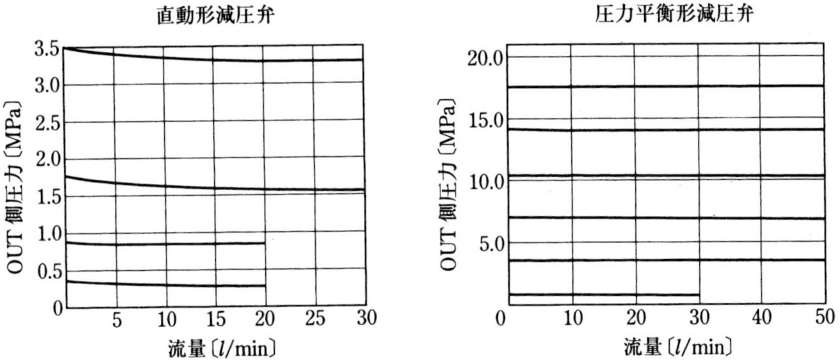

図 3·66　減圧弁の圧力オーバライド特性

表 3·11　直動形減圧弁と圧力平衡形減圧弁の比較

応 答 時 間……減圧の応答として IN 側が OUT 側へ伝達され，減圧弁のスプールが動作して，OUT 側を減圧するまでの時間.

サージ圧力……IN 側の圧力を OUT 側へ伝達して減圧するため，必ず OUT 側の圧力に減圧以上の圧力が発生し，その圧力をいいます.

以上の性能特性を直動形と圧力平衡形で比較します.

種類 / 特性	直　動　形	圧 力 平 衡 形
応　答　時　間	速い (0.03〜0.5 sec)	遅い (0.1〜0.5 sec)
圧力-流量特性 オーバライド	悪　　い	良　　い
安　定　性	悪　　い	良　　い
サ ー ジ 圧 力	小 (1 MPa 以下)	大 (リリーフ弁設定値まで上がる)
遠 隔 操 作	不　　可	ベント接続により可
圧 力 調 整 範 囲	低圧用が多い (高圧になると形状が大きくなる)	低圧から高圧まで可能 (外観形状は小さい)
ド レ ン 量	設定圧力により変わる	0.8〜1.5 ℓ/min

(3)　シーケンス弁・カウンタバランス弁・アンロード弁

構造的には 3 つの弁は類似しており，パイロット制御方法・ドレン方法の種類，チェック弁の有無により機能別に名称がつけられています.

① シーケンス弁

1 台の油圧ポンプからの圧力でシリンダが 2 本以上の油圧回路のとき各シリンダを順次作動させるときに使用します.

② カウンタバランス弁

油圧シリンダにかかる荷重がシリンダ内の戻り油に背圧をかけるようにすることにより，スムーズに動かす機能を持った弁で，昇降リフトなど下降時に使用します．

③ アンロード弁

2つの定容量ポンプの一方の圧力（低圧大容量ポンプ）を無負荷にするとき，他方の圧力（高圧小容量ポンプ）から導いたパイロット圧力で制御する弁です．

この3種類の弁は**表3･12**のように機能別に分類されます．

表3･12　シーケンス弁・カウンタバランス弁・アンロード弁の機能別分類

	パイロット			ドレン		チェック弁	
	内部	外部	内外部	内部	外部	有	無
シーケンス弁	○	○	○	−	○	○	○
カウンタバランス弁	○	○	○	○	−	○	−
アンロード弁	−	○	−	○	−	−	○

以上の3種類の弁について，回路内での使われ方を事例として**図3･71**に油圧回路を示します．

a.　シーケンス弁の種類と構造

油圧ポンプからの圧油でシリンダ2個の各シリンダを一定の順序で動かすときに使用します．

回路での動作は電磁切換弁SOLb ONによりCYL2がストローク端で停止すると圧力が上昇し，シーケンス弁の設定圧力になるとシーケンス弁のスプールが動いてIN側からOUT側へ圧油が流れてCYL1が動きます．

図3･67にシーケンス弁の内部構造を，**図3･68**にシーケンス弁の分解図を示します．

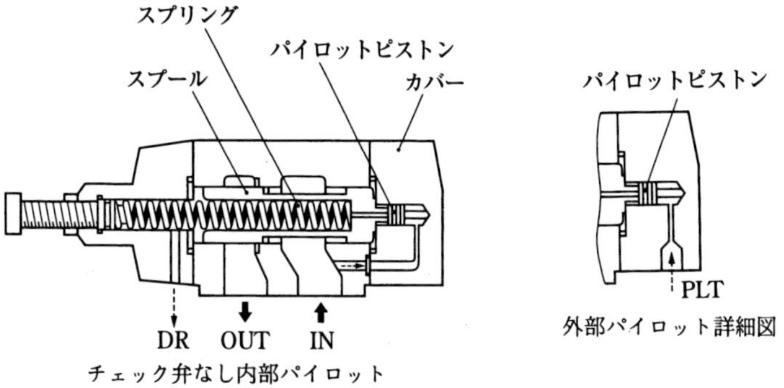

記　号		
チェック弁なし 内部パイロット 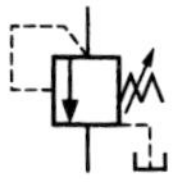	チェック弁なし 外部パイロット 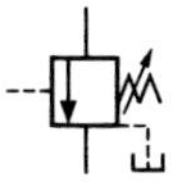	チェック弁なし 内外部パイロット 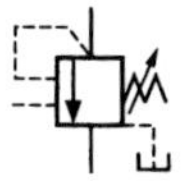
チェック弁あり 内部パイロット 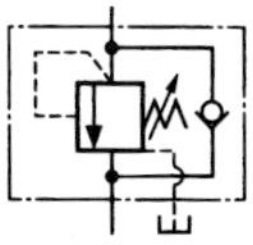	チェック弁あり 外部パイロット 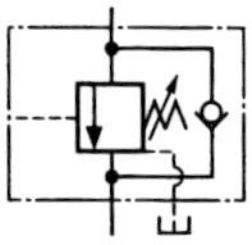	チェック弁あり 内外部パイロット 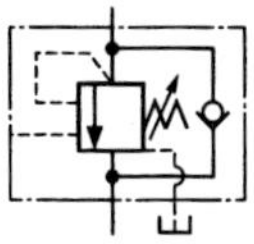

図 3・67　シーケンス弁の内部構造

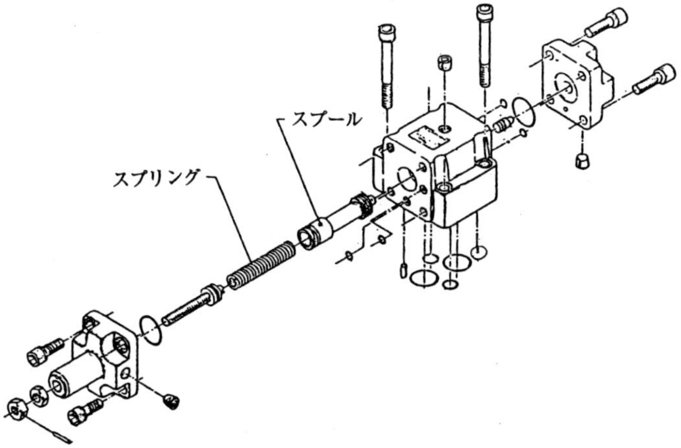

図 3・68　シーケンス弁の分解図

b. カウンタバランス弁の種類

昇降用シリンダにかかる荷重を動作するときにシリンダからの戻り油にカウンタバランス弁で背圧をかけて，自重のため制御速度以上で落下することを防止します．また，この弁は必ずチェック弁付です．

図3·69にカウンタバランス弁の油圧記号を示します．

カウンタバランス弁の記号		
内部パイロット	外部パイロット	内外部パイロット
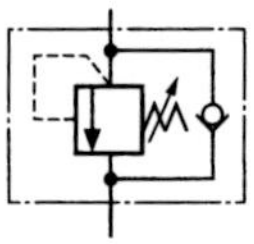	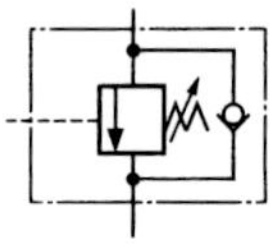	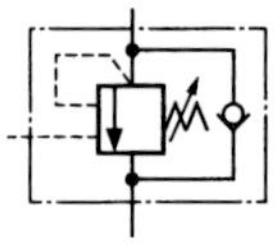

・構造はシーケンス弁と同じです．カウンタバランス弁は必ずチェック弁付きで，内部ドレンとなっています．

図3·69　カウンタバランス弁

c. アンロード弁の種類

油圧回路のように2個のポンプで一方の設定圧力7 MPaの圧油が他方のアンロード弁での設定圧力5 MPaにパイロット圧力で働くと，アンロード弁のスプールが動いて他方にある油圧ポンプの流量（大容量形）をタンクに戻し無負荷状態にします．また，回路内の圧力は一方の油圧ポンプ（小容量形）の設定圧力7 MPaに保ちます．

図3·70にアンロード弁の油圧記号を示します．

アンロード弁の記号

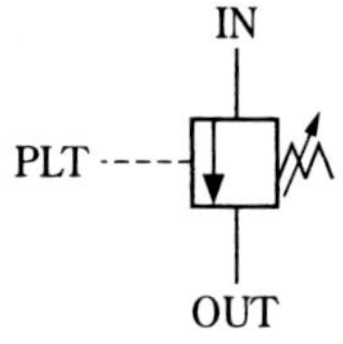

・構造はシーケンス弁と同じです．アンロード弁は必ず外部パイロット，内部ドレンになっています．

図3·70　アンロード弁

(4)　圧力制御弁を使用した油圧システム

油圧回路にどのように圧力制御弁を使用するか説明します．

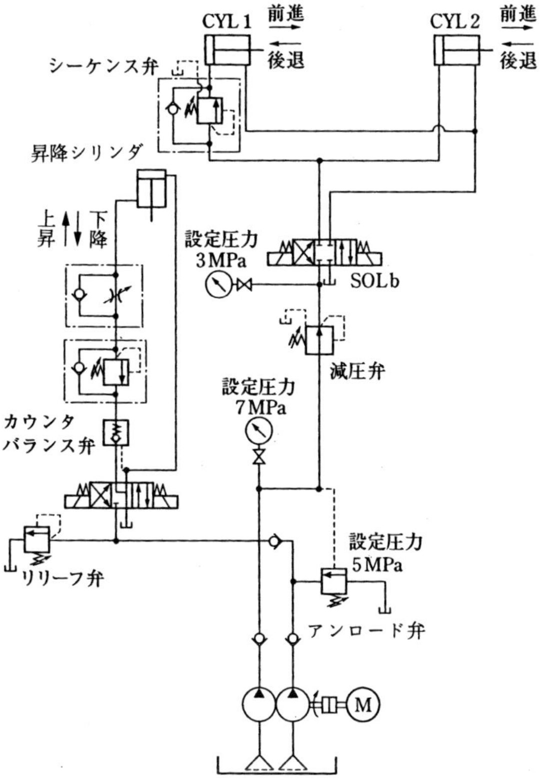

図 3・71　圧力制御弁を使用した油圧回路

a.　リリーフ弁の油圧回路内の例

油圧回路の圧力が設定値になったとき，圧油の全量をタンクに逃がして回路内の設定圧力を保持する弁です．**図 3・71** では油圧回路の圧力が 7 MPa になると油圧ポンプ（小容量）の吐出し量（各油圧機器のドレンや洩れを除く）をリリーフ弁から逃がし，安全な回路内圧力を保ちます．

b.　減圧弁の油圧回路内の例

分岐した油圧回路の圧力を油圧ポンプからの圧力より低く保持するための弁

です．図3•71では油圧ポンプからの設定圧力7 MPaに対し，CYL 1，CYL 2は3 MPaが減圧弁による設定圧力になります．

c.　シーケンス弁の油圧回路内の例

油圧源が1箇所でシリンダが2本以上の油圧回路で各油圧シリンダを順次に動作させたいときに使用する弁です．図3•71ではSOL b ONによりCYL 2が前進時，A側の圧力がシーケンス弁の設定圧力になるとシーケンス弁が働きCYL 1が前進を始めます．また，後退時はシーケンス弁が働いていないのでCYL 1，CYL 2は同時に後退します．

d.　カウンタバランス弁の油圧回路内の例

油圧回路において油圧シリンダの下降動作時の自走防止の背圧をかけ，負荷または外力を保持する弁です．図3•71では昇降用（縦形）油圧シリンダにおいてシリンダの戻り側に圧力を発生させ，油圧シリンダが自重のために制御速度以上で落下するのを防止しています．

e.　アンロード弁の油圧回路内の例

2台の油圧ポンプの一方に取り付けて，一定の条件のときにその油圧ポンプを無負荷にするときに使用する弁です．図3•71では油圧回路の圧力が5 MPaになるとアンロード弁が働いて油圧ポンプ（大容量）の流量がタンクに逃げて無負荷となり，7 MPaの油圧ポンプ（小容量）の設定圧力（リリーフ弁）で保持します．

3•5　流量制御弁

流量制御弁は油圧回路上の絞りで通過面積を変えることにより，流量を制御してアクチュエータの速度を制御する弁で，絞り弁と流量調整弁があります．また，供給する圧油・戻り側の作動油を比例分配する分流弁・分流集流弁があります．

表3•13に流量制御弁の種類を示します．

表 3・13　流量制御弁の種類

- 流量制御弁 (Flow Control Valve)
  - 絞り弁
  - 流量調整弁
    - 圧力補償式
    - 圧力温度補償式
    - シャットオフバルブ付圧力補償式
    - シャットオフバルブ付圧力温度補償式
  - 分流弁，分流集流弁 (Flow Dividers)

(1)　絞り弁

絞りの通過面積を一定にしたとき，絞りの IN 側と OUT 側の圧力差が変化すると流量も変化する弁です．

a.　絞り弁の種類と構造

絞り弁には固定絞り弁と可変絞り弁があります．固定絞り弁は薄板に穴を開け，作動油を通過させて絞りの役目をするものです．

可変絞り弁は絞りの役目の部分が可変になっており，一般的なアクチュエータの速度制御に使われます．

図 3・72 に絞り弁の形状別分類を示します．

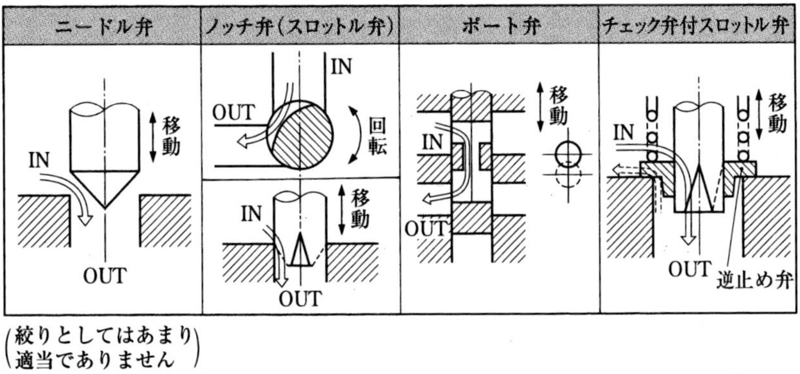

図 3・72　絞り弁の形状別分類

①　固定絞り弁

固定絞り弁には粘性の影響を受けるチョーク（長穴）と粘性の影響を受けないオリフィス（薄板の穴）があります．チョークは弁の圧力平衡作用として使用され，オリフィスは温度補償用の絞りとして使用されます．

図 3·73 にオリフィスの圧力-流量特性を示します．

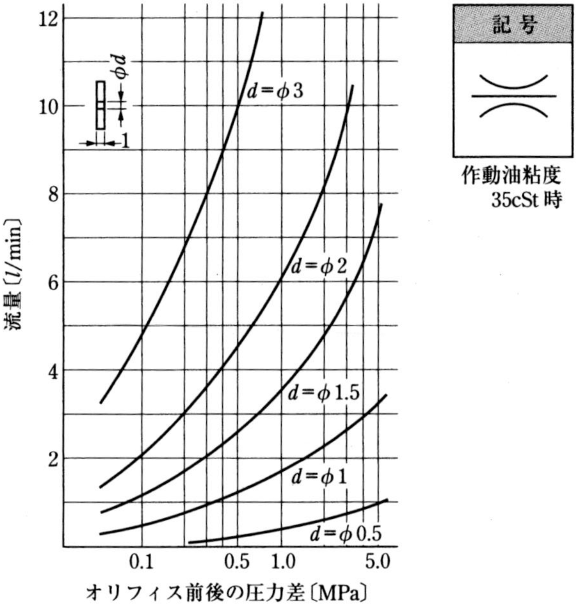

・オリフィス（薄板の穴）以外にチョーク（長穴）があります．チョークは圧力制御の圧力変動の減衰作用に使用されるのが一般的です．

図 3·73　オリフィスの圧力-流量特性

②　可変絞り弁

可変絞り弁はハンドル操作のしやすいスロットル弁が一般的に使われます．この弁はハンドルを回転することにより，シート内を上下します．IN側よりの圧力はスロットルに設けられた切欠部を通過するときに抵抗を与えて，通過流量が制御されます．また，アクチュエータの速度制御と戻り油の早戻しのチェック弁付があります．

図 3·74 に絞り弁の内部構造を，**図 3·75** に絞り弁の分解図を示します．

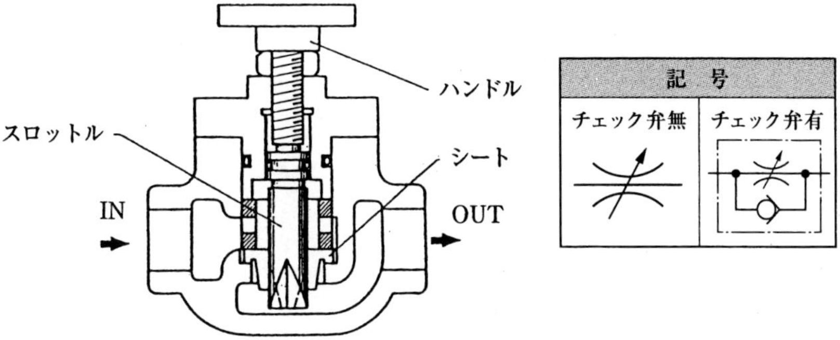

図 3·74　絞り弁の内部構造図（チェック弁無）

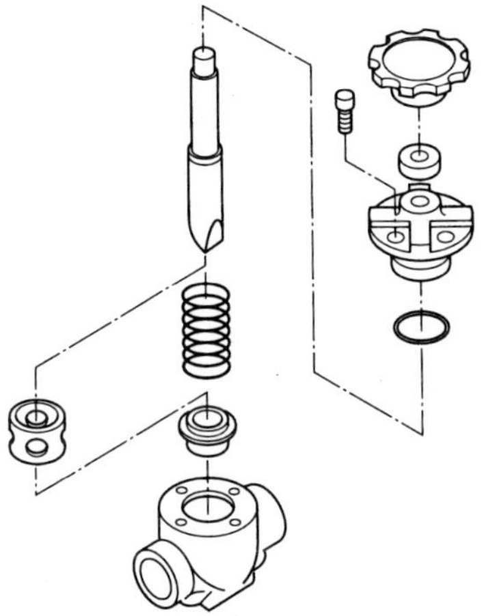

図 3·75　絞り弁の分解図（チェック弁有）

b.　絞り弁の性能

絞り弁は設備や装置のサイクルタイムを設定する際，油圧動作の速度制御は絞り弁で行うのが一般的です．そのため，絞り制御のハンドル操作が必要です．そのために，絞り弁のみハンドル操作特性というのがあります．また，絞り弁は油温変化で流量変化しますので注意が必要です．

図 3·76 に絞り弁のハンドル操作特性を示します．

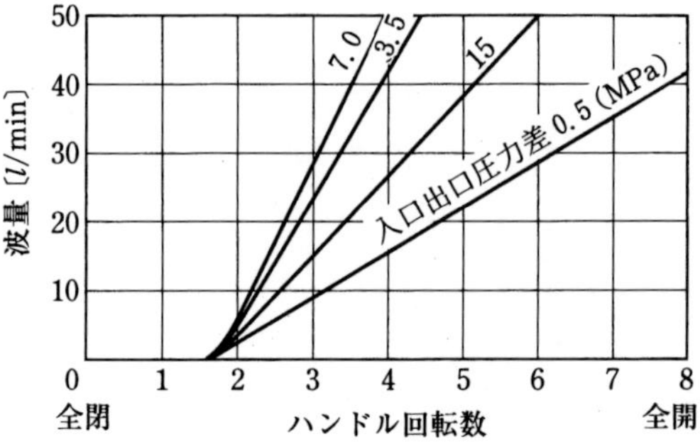

・スロットルとシートをハンドルで全開したときの流量特性です.
このときの圧力はIN側とOUT側の圧力差は一定です.

図3・76　絞り弁のハンドル操作特性

(2)　流量調整弁

絞りの通過面積を一定にしたとき，その絞りのIN側とOUT側の圧力差が変化しても一定の流量を流すことができる弁です.

a.　流量調整弁の種類と構造

種類は圧力補償付，圧力温度補償付があります.

①　圧力補償付流量調整弁

図3・77 に圧力補償付流量調整弁の内部構造図を示します.

IN側の圧油がコンペンセータ（圧力補償機構）より絞り弁の前の部屋に入り，圧力が上昇するとコンペンセータはスプリングに打ち勝って左に移動してコンペンセータ前後の流量調整をします．このようにIN側の圧力に関係なく常に絞り弁前後の圧力が一定になるように働きます.

この弁は絞り弁前後の圧力差が常に0.3〜0.4 MPa（コンペン圧）になるようにスプリング力で設定します．また，コンペンセータを正常に機能するにはIN側とOUT側の圧力差を0.7〜1 MPa（最低作動圧力）以上必要です．この弁にはチェック弁付もあります.

②　圧力温度補償付流量調整弁

図3・78 に圧力温度補償付流量調整弁の内部構造図を，**図3・79** に圧力温

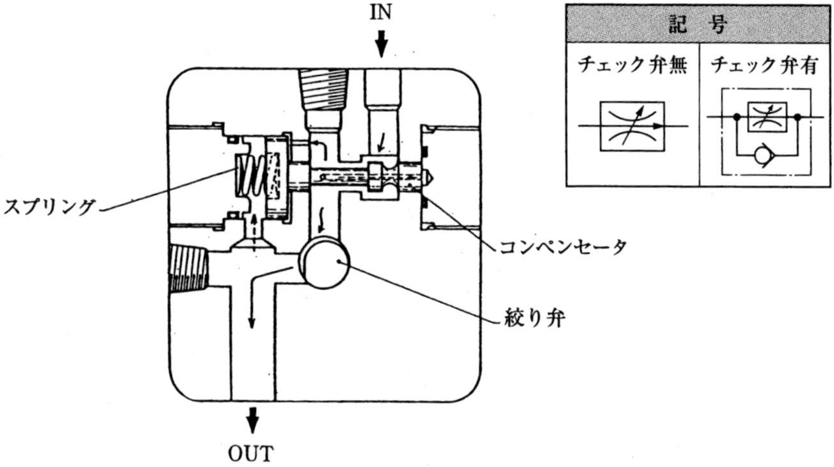

図 3·77　圧力補償付流量調整弁の内部構造図

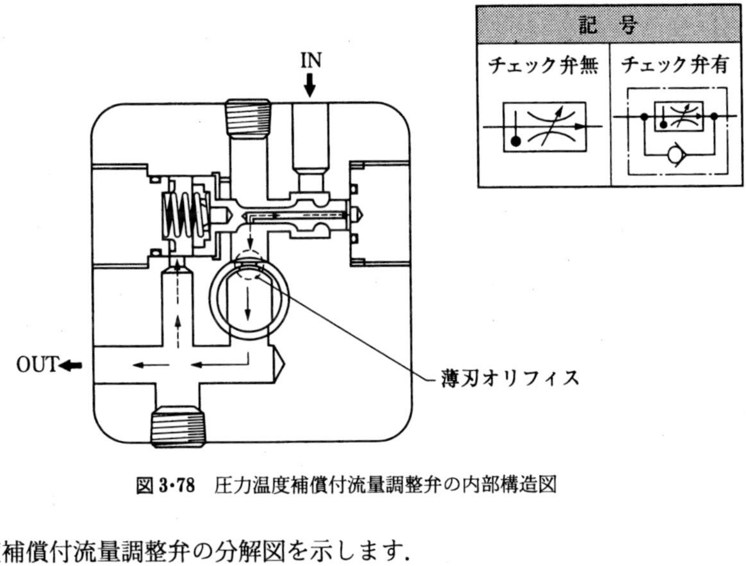

図 3·78　圧力温度補償付流量調整弁の内部構造図

度補償付流量調整弁の分解図を示します.

圧力補償をした流量調整弁でも，作動油の温度が変化すると流量が変化します．これは作動油の粘度が変化するためです．そこで絞りの形状を粘度の影響を受けない薄刃オリフィスを用います．この弁にはチェック弁付もあります.

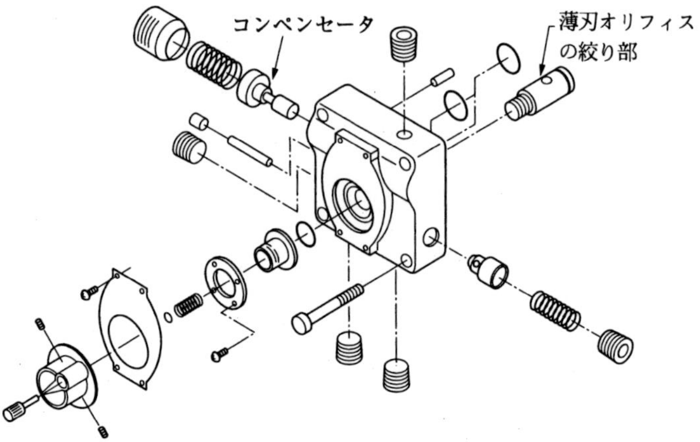

図 3·79　圧力温度補償付流量調整弁の分解図

(3)　流量制御弁の性能

流量制御弁の中で圧力変化，油温変化に対応できるのは流量調整弁です．圧力変化を調整できる流量調整弁内蔵の圧力補償機能，油温変化には絞り部を薄刃オリフィスにしたものを使用して精度を出しています．その性能特性を**図 3·80** と**図 3·81** に示します．

(4)　分流集流弁

分流集流弁はポンプからの圧油，アクチュエータからの戻り油を比例配分的に分流，集流する弁です．その種類は分流弁（フローデバイダー），分流集流弁（デコ・バルブ）があります．

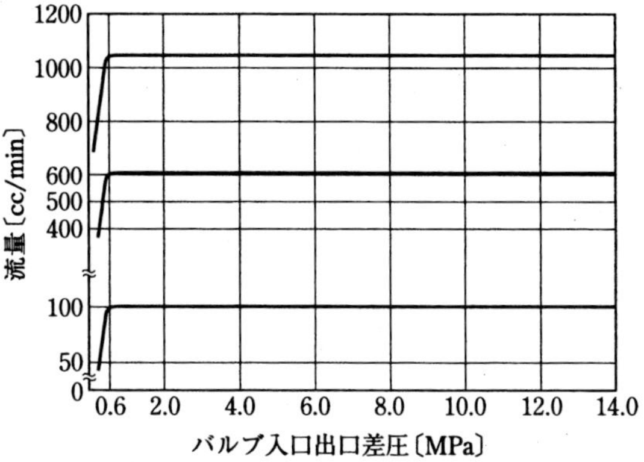

- IN 側と OUT 側の圧力差 0. 6～0. 8 MPa 以上で圧力補償効果があります.
- シリンダの早送りから遅送りに切り換わったとき，IN 側の圧力上昇が高くなるほど，ジャンピング現象が発生し，シリンダの飛び出しに注意が必要です.

（ジャンピング現象）

IN 側の圧力が急激に上昇するとコンペンセータの慣性などの遅れにより，絞り弁前後の圧力差が大きくなり，過大な流量が流れます．特に 100 cc/min 以下のときはシリンダの飛び出し量が顕著になるので注意が必要です.

図 3·80　流量調整弁の圧力補償特性

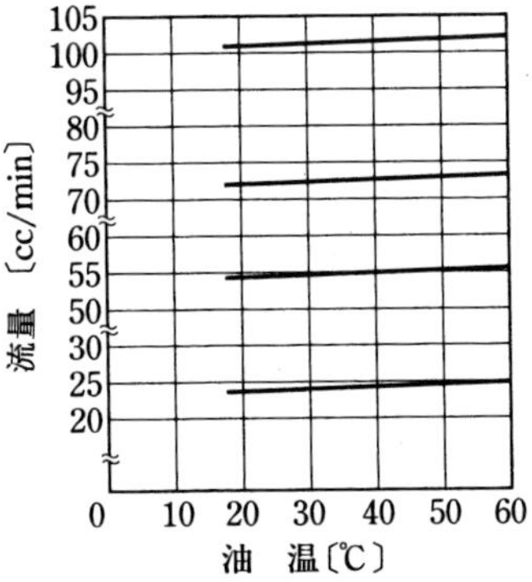

- 温度補償の絞り構造は，薄刃オリフィスを使用しています.
- 作動油の温度補償が必要な場合，材料の温度変化を応用して絞り開口面積の開閉を行うタイプがありますが，薄刃オリフィスが最適です．ただしこの薄刃オリフィスは圧力制御の圧力の減衰効果はありません.

図 3·81　流量調整弁の温度補償特性

図 3･82 に分流集流弁の内部構造図を示します.

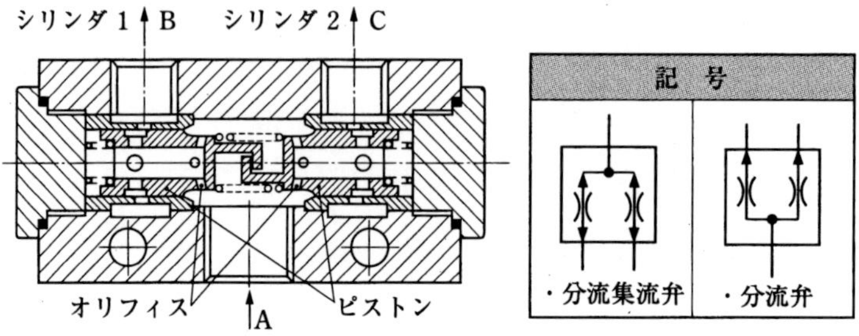

図 3･82 分流集流弁の内部構造図

この弁はAポートから圧油を流入すると流量はB, Cポートに分流されます. また, 逆にB, Cポートより戻り油を供給すると流量はAポートに集流されます. そして, 分流または集流する2つの流量は相等しく, オリフィスの大きさは同じです.

3･6 集積弁システム

集積弁システムは油圧のコンパクト化, 油圧機器間の配管削減による油洩れの削減の目的のため集積弁システムが定着しました. 油圧装置をできる限りコンパクトなものとし, 操作性・保守性に適応したシステムです.

(1) 集積システムの特長

① 各油圧機器間の接続配管類が不要で設置スペースがコンパクト.

② 配管継手の減少で振動, 衝撃による配管の緩みによる油洩れが少なくなり, 振動に伴う配管類からの騒音も減少します.

③ マニホールドと油圧機器の組合せで接続のボルトを取り外して, 容易に回路変更が可能です.

④ 集積システムを適所に設置できます.

⑤ 設計, 配管レス, 保守管理を含めた総合コストを削減できます.

(2) 集積システムの種類

a. ビルディングブロック方式

集積システムの初期時に使用したものでマニホールドブロックを標準化し，任意の回路構成を作ることを可能にしたものです．

図3·83 にビルディングブロック方式* の外観を示します．

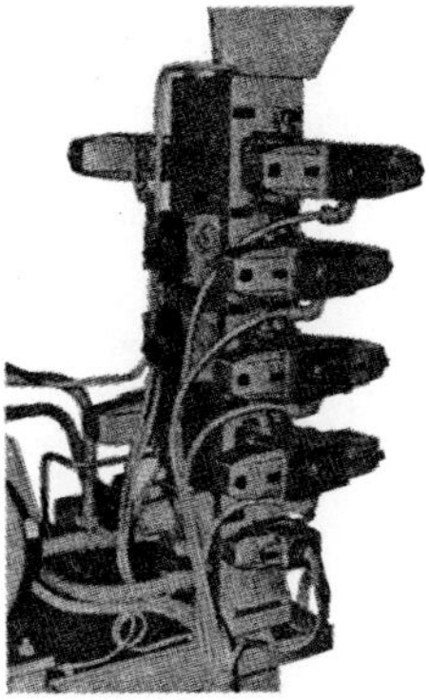

図3·83 ビルディングブロック方式

b. 積層方式

各油圧機器のP，A，B，Rポートをマニホールドに共通化し，各油圧機器をボルトで集積化したものです．一般的に使用されている方式です．

また**図3·84** に積層方式の回路構成と使用例を示します．

c. カートリッジ方式

マニホールドの油圧機器取付け穴にねじ込みカートリッジ弁を使用した集積化したものです．積層方式の使用する油圧機器にも応用できます．

d. 比例増幅方式

圧力，流量，方向制御機能を持った小容量の積層方式集積弁によってパイロット回路を構成し，その回路機能を主弁で増幅して使用します．

(3) 集積システムの構成

ここでは積層方式について述べます．積層方式は電磁切換弁などの方向切換弁を基点とし，積層弁とマニホールドにより構成されています．

図3·85 に集積システムの構成を示します．

また，設備や装置に使用する集積システムはコンパクト，軽量化，省配線での構成が必要になり，その施工も簡単にできるようになりました．**図3·86** にその集積システムを示します．

---

* ビルディングブロック方式：油圧の集積システムの初期時に構成したもので，油圧機器を1ブロックの3面に取り付けた方式をいいます．

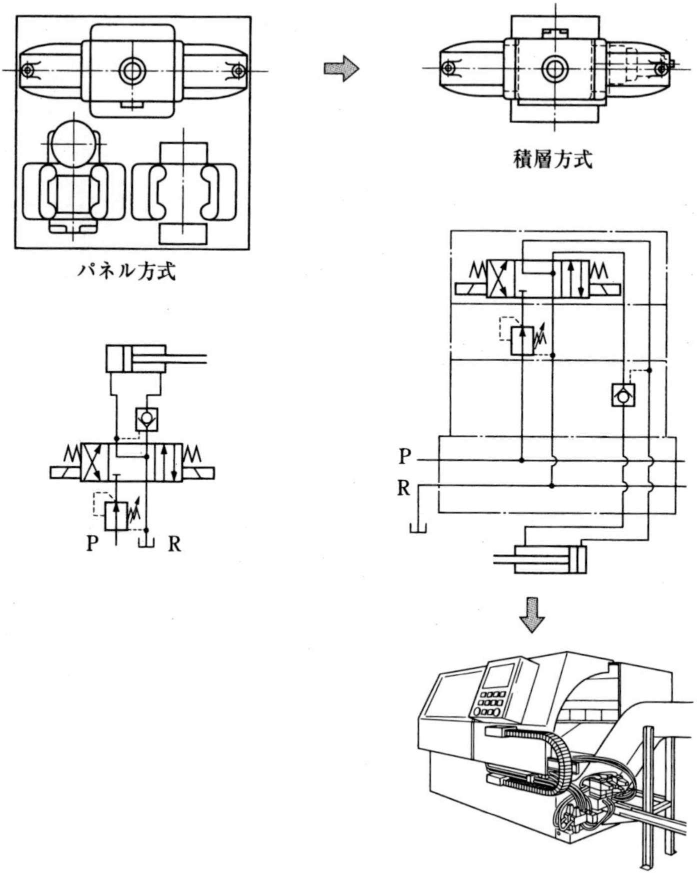

工作機械への積層方式の使用例

図 3·84　積層方式の回路構成と使用例

3·7　その他の油圧要素機器

(1)　付属機器

油圧装置を構成するのに必要なアクチュエータ，油圧機器以外の機器をいいます．その種類は油タンク，フィルタ，アキュムレータ，オイルクーラ，エアブリーザ，圧力計などがあります．

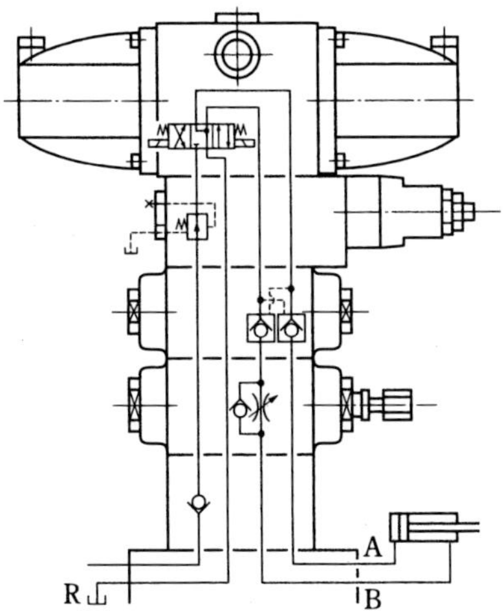

方向制御弁
- 電磁切換弁
- 電磁油圧切換弁
- 手動切換弁

集層弁
- 絞り弁
- 圧力温度補償付流量調整弁
- チェック弁
- パイロットオペレートチェック弁
- リリーフ弁
- 減圧弁
- シーケンス弁
- カウンタバランス弁

ベースブロック
- 横配管スレッド結合マニホールド
- 裏配管スレッド結合マニホールド
- 横配管フランジ結合マニホールド
- 裏配管フランジ結合マニホールド
- スペーサ
- 六角穴付ボルト
- 平行ノックピン
- ピンボルト

図 3・85　集積システムの構成

a. 油タンク（図 3・87）

油タンクは作動油を必要量だけ蓄える容器だけでなく，作動油中の異物や気泡の分離除去，油圧装置の発熱の発散などの目的と油圧ポンプ電動機および油圧機器の架台も兼ねており，次の配慮をしています．

① 戻り油の温度上昇を発散させるだけのタンク表面積を有しています．

② 油タンクの注油口にはゴミが入らないように細かいろ過網を取り付けています．また，油タンクは密閉していますが，ポンプの駆動時に油タンク内に圧力がかからないようにエアブリーザを取り付けています．

③ タンク内は油圧ポンプ吸込み側と戻り側を仕切り，作動油の循環距離を長くして気泡除去やゴミの沈殿を助ける構造になっています．

④ ポンプ吸込み管と戻り管はキャビテーションや気泡を発生しないように油面下まで伸びています．戻り管の先端は約 30° の角度に切り，切り口をタンク側面に向けて作動油の発熱を発散およびタンク内コンタミの拡散を防止しています．

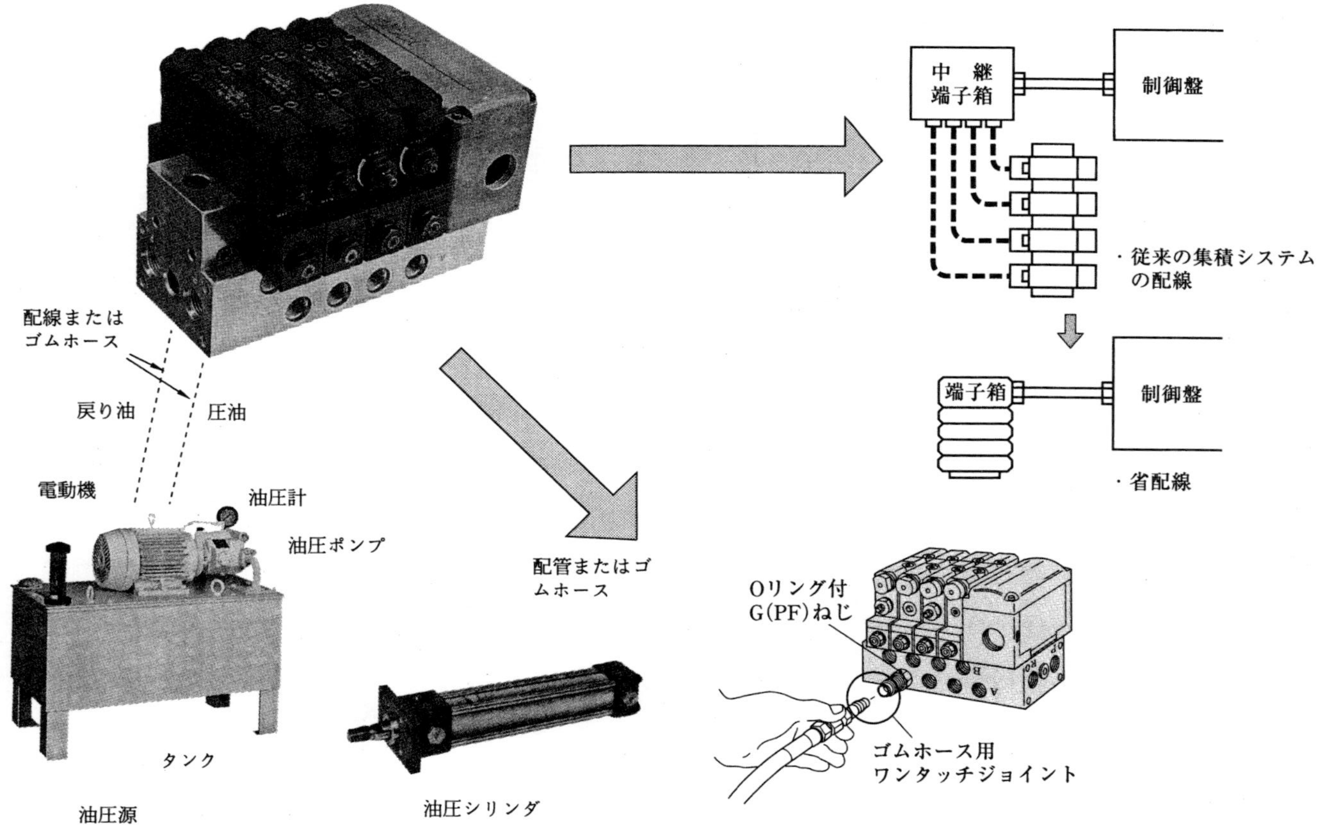

図 3·86　コンパクト・軽量化・省配線の集積システム

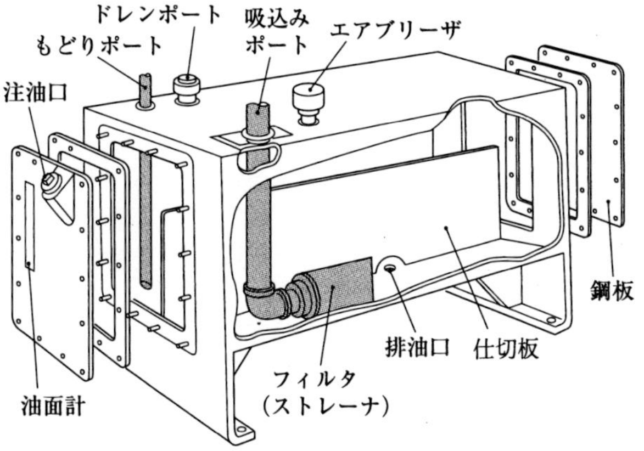

図 3・87　油タンク

⑤　油タンク内の作動油の確認をする油面計を油タンクに取り付けています.

⑥　油タンクにドレン抜きを設けて作動油を抜いたり，油タンクの底に沈殿した不純物を除去できるようにしています.

⑦　油タンク内の掃除がしやすいようにタンク窓が設けてあります.

b. フィルタ

作動中に混入している不純物を取り除くためのものです.

表 3・14 にフィルタの種類を示します.

表 3・14　フィルタの種類

フィルタ	タンク用	ポンプ吸込み側	ストレーナ
			サクションフィルタ
	管路用	ポンプ吐出し側	ラインフィルタ
		戻り側	リターンフィルタ

①　タンク用のフィルタ

油圧ポンプの吸込み側に設けるフィルタをストレーナおよびサクションフィルタといいます.

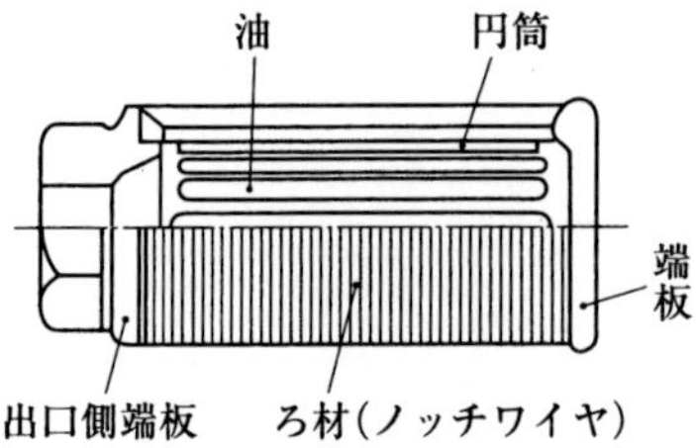

図3·88　ストレーナ

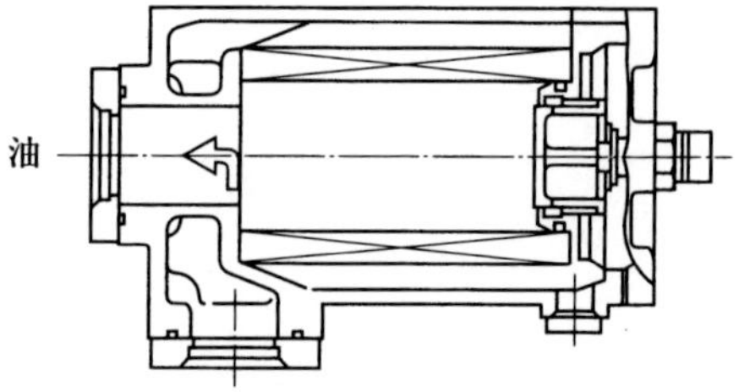

図3·89　サクションフィルタ

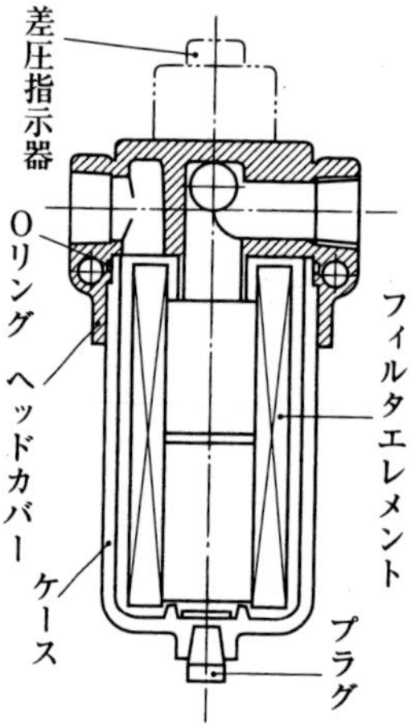

図3·90　ラインフィルタ

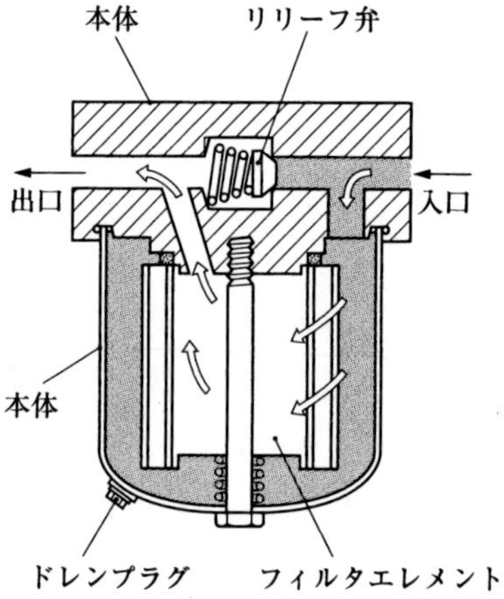

図3·91　リターンフィルタ

i）**ストレーナ（図3·88）**……油圧ポンプの吸込み管路に取り付け，ケース無しのフィルタエレメントを油タンクの油中に取り付け，油タンク内の残留異物やエアブリーザを通して侵入したゴミに対して油圧ポンプを保護するものです．目の粗さは100メッシュ（149 μm）を使用します．

ii）**サクションフィルタ（図3·89）**……油圧ポンプの吸込み管路に取り付け，ケースでフィルタエレメントを保護し油タンク上に取り付け，粉塵の多い場所などでフィルタの保守（メンテナンス）の回数を多くする必要がある場合に使用します．目の粗さは200メッシュ（74 μm）を使用します．

② **管路用フィルタ**

i）**ラインフィルタ（図3·90）**……油圧ポンプの圧油管路に取り付けるもので，各油圧システムへゴミ侵入を防止する役目があります．目の粗さは5

μm，10 μm，20 μm を使用します.

ii）**リターンフィルタ（図 3･91）**……アクチュエータからの戻り管路に取り付け，配管・マニホールドの加工などによる残留異物を油タンクに戻る直前で捕捉し，タンク内に戻さないようにします．目の粗さは 20 μm を使用します.

c. アキュムレータ

容器内に圧油を押し込めたもので，油のエネルギ（圧力）を一時，蓄える働き（蓄圧）をします.

①　蓄圧の利用

間欠的・瞬間的なアクチュエータの動作で，蓄えたエネルギ（圧力）を放出（10 *l*/sec）して大容量油圧ポンプの代わりをすることができます．また，油圧ポンプを停止したまま回路上の圧力保持をするのに使用します.

②　油圧回路内の衝撃圧（サージ圧力）の緩和作用

荷重変動や油圧機器の急激開閉のとき，回路内にサージ圧を発生しアクチュエータに取り付けたものが壊れたり，外れたりするのをサージ圧の緩和作用で防止します．また，油圧ポンプの脈動を吸収する場合も使用します.

③　アキュムレータの種類

一般的には，空気や窒素ガスの気体を圧縮して利用するものでピストン形，ダイアフラム形，プラダ形があり，一般産業用としてはプラダが使用されます.

図 3･92 にアキュムレータの種類を示します.

d. オイルクーラ

作動油の温度上昇を適正に保つための冷却方法として使用します．取付位置はリリーフ弁の R 側の管路または可変容量形ポンプのドレン（DR）管路です．また，オイルクーラによる冷却のための専用油圧ポンプを取り付ける場合があります．このほかに空冷式（ラジエータ）もあります.

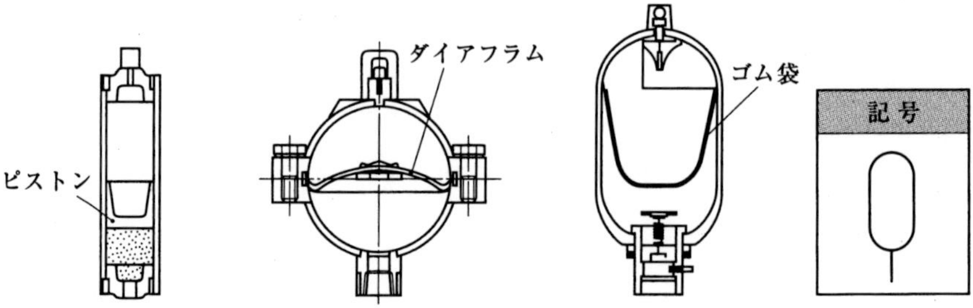

(a) ピストン形
アキュムレータ
(b) ダイアフラム形
アキュムレータ
(c) ブラダ形
アキュムレータ

図 3·92　アキュムレータの種類

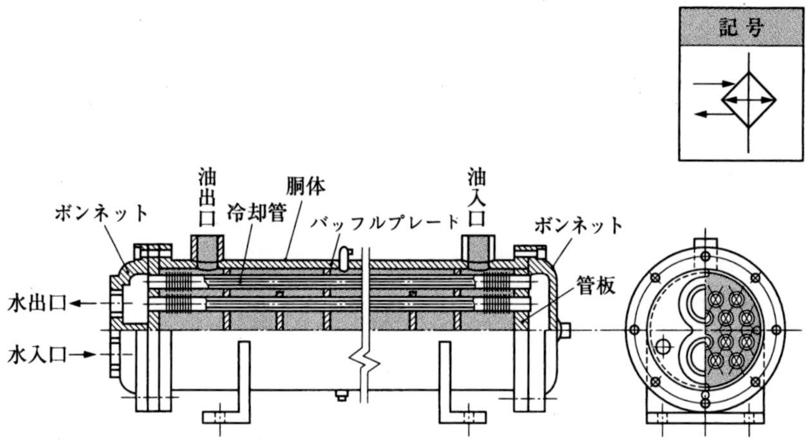

図 3·93　オイルクーラの内部構造

図 3·93 にオイルクーラの内部構造を示します.

e.　エアブリーザ (図 3·94)

油圧ポンプの駆動中は油タンク中で作動油が油面を上下します. このとき, 油タンク内の空気の出入りがあります. この通気部にフィルタ (40 メッシュ＝420 μm) を付けたエアブリーザにより清浄な空気をタンク内に送るようにします. サイズはポンプ吐出し量の 1.0～1.5 倍のものを使用します.

図 3·94 にエアブリーザの内部構造を示します.

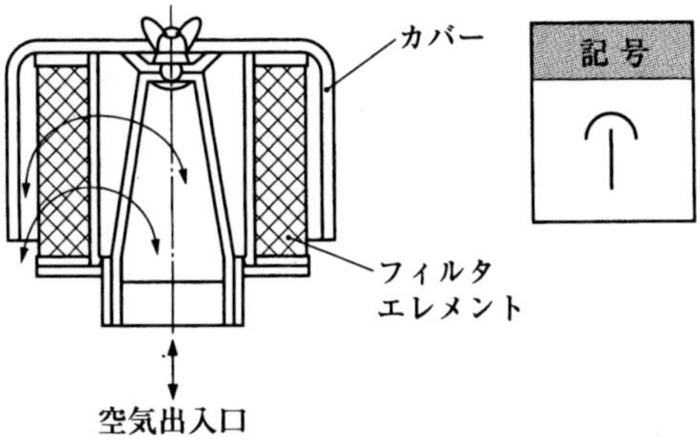

図 3·94　エアブリーザの内部構造

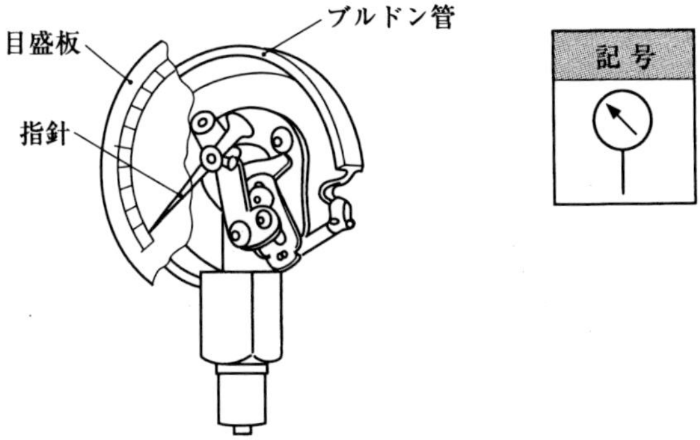

図 3·95　圧力計

f. 圧力計

油圧ポンプの吐出し圧力，回路上の減圧弁の圧力の表示を知るために使用するのが圧力計です．圧力計の種類は種々ありますが，一般的にブルドン管圧力計が使用されドライタイプと油浸形があります．

図 3·95 に圧力計の内部構造（ドライタイプ）を示します．

g. 圧力スイッチ

油圧回路内の圧力が設定圧力になると電気信号を変えるもので，電磁切換弁に電気信号を伝達してシーケンス動作，油圧ポンプの圧力をアンロードしたり，電動機の起動・停止を行うために使用します．

図 3·96 に圧力スイッチの内部構造を示します．

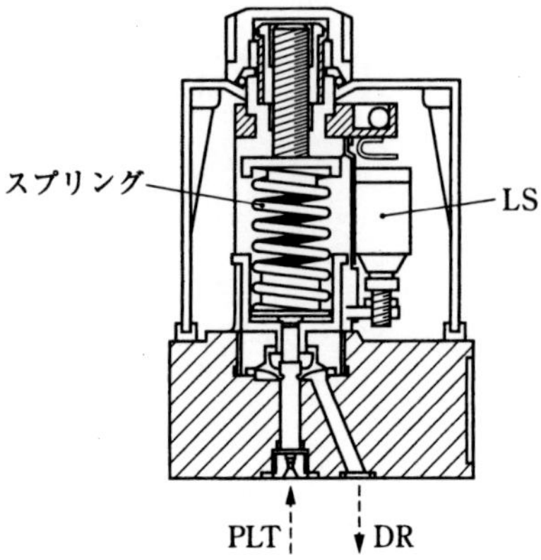

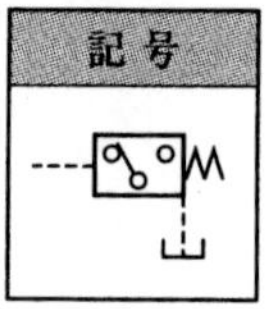

・圧油のあるパイロット (PLT) 圧力により，スプリングを圧縮してリミットスイッチ (LS) を働かせて電気信号を伝達します．

図 3·96　圧力スイッチの内部構造

(2)　付属品

油圧要素機器の内部，外部洩れを防止するシールおよび圧力を発生させるスプリングがあります．

a.　シール

シールは密封装置の分類として JIS B 0116 に規定されているものを使用します．

表 3·15 にシールの種類を示します．

表 3·15　シールの種類

- シール
  - ガスケット
  - パッキン
    - グランドパッキン
    - 成形パッキン
      - リップパッキン
      - スクィーズパッキン
  - メカニカルシール
  - オイルシール
  - その他
    - 金属パッキン
    - スクレーパ
    - ダイアフラム

①　成形パッキン

種類としてはリップパッキンとスクィーズパッキンがあります．リップパッキンは油圧シリンダに使用され，スクィーズパッキンは油圧機器の内部，外部洩れ防止用に使われます．

表 3·16 に成形パッキンの種類を示します．

表 3·16　成形パッキンの種類

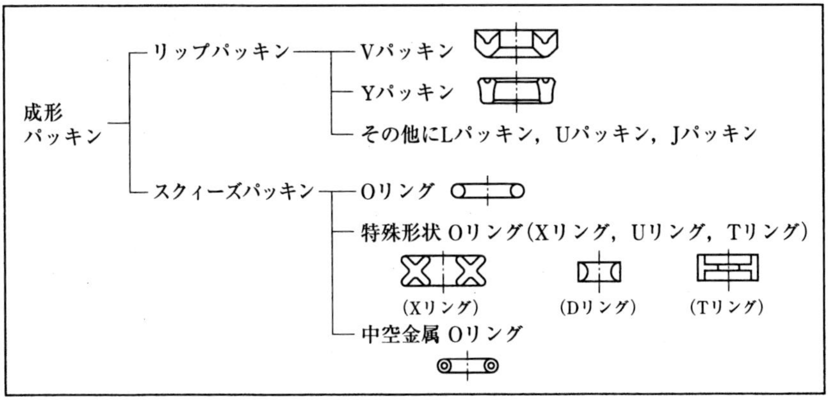

② **オイルシール**

オイルシールは油圧ポンプのシャフト軸に装着し，外部よりゴミ，水等の浸入を防止する目的で使用されます．

表 3·17 にオイルシールの種類を示します．

表 3·17　オイルシールの種類

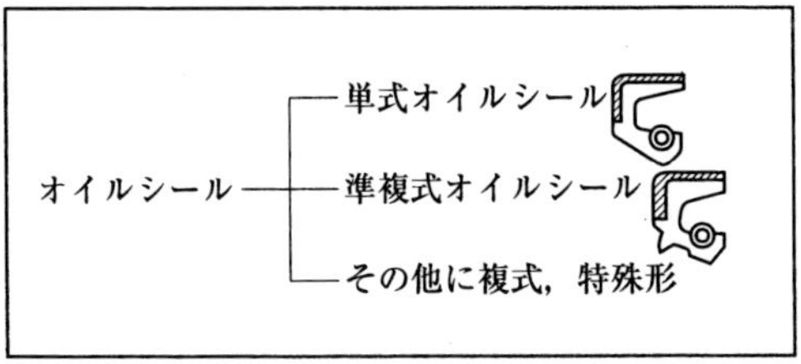

b. スプリング

油圧要素機器に内蔵され，スプリングのばね荷重を変えることにより圧力の高低を制御することができます．油圧要素機器の標準に内蔵されたスプリングはピアノ線 A 種 (SWPA) が一般的です．その他の材料は圧力，温度，作動油により使い分けます.

表3·18 にスプリングの種類を示します.

表3·18 スプリングの種類

材　料	材料記号	線径範囲(mm)
ピアノ線・V種	SWPV	2～5
弁ばね用クロムバナジウム鋼オイルテンパー線	SWOCUV	2～10
弁ばね用炭素鋼オイルテンパー線	SWOCV	2～6
炭素鋼オイルテンパー線　B種	SWOCB	2～12
炭素鋼オイルテンパー線　A種	SWOCA	2～12
ばね鋼　4種	SUP4	8～26
ばね鋼　6～11種	SUP6～11	8～80
ピアノ線　B種	SWPB	0.1～6
ピアノ線　A種	SWPA	0.1～6
硬鋼線　C種	SWC	0.1～10
硬鋼線　B種	SWB	0.1～10

(3) 配管・ゴムホース・継手

油圧要素機器をつなぐのに配管があり，その接合部に継手を使用します.

a. 配　管

配管の種類には金属管と非金属管があります.

① 金属管

種類はガス管，配管用鋼管，アルミ管，ステンレス管があります.

i）ガス管

油圧ポンプの吸込み管に使用します．このガス管はJIS G 3452で規格に決められています.

表3·19 にガス管の寸法表を示します.

ii）配管用鋼管

一般的に使用する配管です．使用圧力は管の外形により違いますが，10 MPaをめどに使用し，呼び径1¼以上は5 MPaをめどに使用するのが無難です．実際には配管でなく接合部に使用する継手が振動により緩みやすくなるための予防です．この配管用鋼管はJIS G 3454で規格に決められ

表 3·19　ガス管の寸法表

管の呼びかた (A)	管の呼びかた (B)	外径 mm	外径の許容差 テーパねじを切る管	外径の許容差 それ以外の管	厚さ mm	厚さの許容差	ソケットを含まない重量 kgf/m
6	1/8	10.5	±0.5 mm		2.0	熱間仕上，継目無鋼管の場合 ＋規定しない −15% 冷管仕上，継目無鋼管，鍛接鋼管および電気抵抗溶接鋼管の場合 ＋規定しない −12.5%	0.49
8	1/4	13.8	±0.5 mm		2.3		0.62
10	3/8	17.3	±0.5 mm		2.3		0.81
15	1/2	21.7	±0.5 mm		2.8		1.31
20	3/4	27.2	±0.5 mm		2.8		1.68
25	1	34.0	±0.5 mm		3.2		2.43
32	1 1/4	42.7	±0.5 mm		3.5		3.38
40	1 1/2	48.6	±0.5 mm		3.5		3.89
50	2	60.5	±0.5 mm	±1%	3.8		5.31
65	2 1/2	76.3	±0.7 mm	±1%	4.2		7.47
80	3	89.1	±0.8 mm	±1%	4.2		8.79
90	3 1/2	101.6	±0.8 mm	±1%	4.2		10.1
100	4	114.3	±0.8 mm	±1%	4.5		12.2
125	5	139.8	±0.8 mm	±1%	4.5		15.0
150	6	165.2	±0.8 mm	±1%	5.0		19.8

備考　1. 管の呼びかたは (A) および (B) のいずれかを用いる．ただし必要に応じ (A) による場合には A，(B) による場合には B の符号を，それぞれの数字のあとにつけて区分する．
　2. 管の呼びかた 50 A または 2 B 以下の熱間仕上継目無鋼管の厚さ許容差は，表記によらず，＋規定しない，−0.6 mm とする．

ています．

表 3·20 に配管用鋼管の寸法表を示します．

iii) **アルミ管**

この管は航空機用など軽量配管が必要なときに使用します．

iv) **ステンレス管**

化学的に雰囲気の悪い場所や腐食対策として使用します．

② **非金属管**

この種類の代表的なものはゴムホースです．高圧に対し耐久性に乏しいため，ゴムホースの外側に布，ワイヤなどを巻き付けたものが使用されます．

b. 継手配管

この種類にはねじ込み形継手配管，差込み溶接形継手配管，食込み継手配管，フレア形継手配管があります．

表 3・20　配管用鋼管の寸法表

呼び径		外径	スケジュール40					スケジュール80					スケジュール160				
			厚さ	重量	最高常圧	定格流量	圧力損失	厚さ	重量	最高常圧	定格流量	圧力損失	厚さ	重量	最高常圧	定格流量	圧力損失
(A)	(B)	mm	mm	kgf	MPa	l	MPa × 10^{-1}	mm	kgf	MPa	l	MPa × 10^{-1}	mm	kgf	MPa	l	MPa × 10^{-1}
6	1/8	10.5	1.7	0.367	14			2.4	0.479	35	5.3	0.92					
8	1/4	13.8	2.2	0.629		14.5	0.45	3.0	0.799		10.0	0.5					
10	3/8	17.3	2.3	0.851		26.6	0.19	3.2	1.11	28	11.6	0.26					
15	1/2	21.7	2.8	1.31		42.7	0.14	3.7	1.64		33.6	0.15	4.7	1.97	35	25.0	0.2
20	3/4	27.2	2.9	1.74		75.6	0.10	3.9	2.24	21	61.9	0.11	5.5	2.94		43.2	0.14
25	1	34.0	3.4	2.57		122	0.084	4.5	3.27		102.8	0.095	6.4	4.36		74.0	0.11
32	1 1/4	42.7	3.6	3.47	10.5	208	0.064	4.9	4.57	14	176	0.07	6.4	5.73	21	147	0.08
40	1 1/2	48.6	3.7	4.10		279	0.053	5.1	5.47		241	0.058	7.1	7.27		195	0.065
50	2	60.5	3.9	5.44	7	458	0.038	5.5	7.46		403	0.042	8.7	11.1		306	0.05
65	2 1/2	76.3	5.2	9.12		716	0.03	7.0	12.0		638	0.032	9.5	15.6		542	0.036
80	3	89.1	5.5	11.3		1000	0.024	7.6	15.3	10.5	899	0.026	11.1	21.4		736	0.03
90	3 1/2	101.6	5.7	13.5		1340	0.021	8.1	18.7		1200	0.022	12.7	27.8		956	0.025
100	4	111.3	6.0	16.0		1720	0.018	8.6	22.4		1550	0.018	13.5	33.6		1230	0.021
120	5	139.8	6.6	21.7	8	2640	0.013	9.5	30.5	7	2390	0.013	15.9	48.6	14	1920	0.016
150	6	165.2	7.1	27.7		3760	0.01	11.0	41.8		3420	0.011	18.2	66.0		2690	0.013

1)　最高常圧力値は内径基準でさびしろ 0.25 mm を見込み，安全率を 5，引張り強さ 38 kgf/mm^2 値による計算値を使用圧力区分 5，7，10.5，14，28，35 および 42 MPa に対応させました.
2)　定格流量および圧力損失は管内流速 3.5 m/sec，動粘度 30 cSt にて算出したものです.
3)　本表は JIS G 3454 を基本にして，圧力，流量などを考えて使用条件を選定したものです.
4)　重量，圧力損失は配管長さ 1 m 当たりの数値です.

①　ねじ込み形継手配管

管端にテーパを切り，ねじ込む方法です．ねじ込む際にはシールテープ* か液体パッキンを塗ることが必要です.

この配管は油圧ポンプの吸込み側に使用します.

図 3・97 にねじ込み形継手配管の内部構造を示します.

②　差込み溶接形継手配管

溶接フランジの差込み部の配管を溶接したもので，口径の大きい配管 21 MPa 以上で使用します．このほかに突合せ溶接形がありますが，管の内壁に溶接のスパッタが付着しやすいので注意が必要です.

図 3・98 に差込み形継手配管と突合せ形継手配管の内部構造を示します.

---

*　シールテープ：テーパねじ部分からの油洩れを防止するテープで，材質はテフロン系のものを使用します.

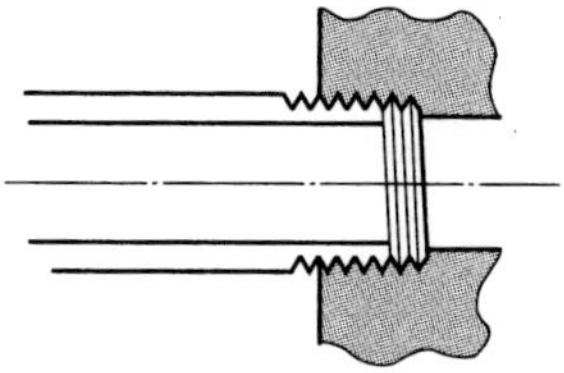

図 3・97　ねじ込み形の内部構造

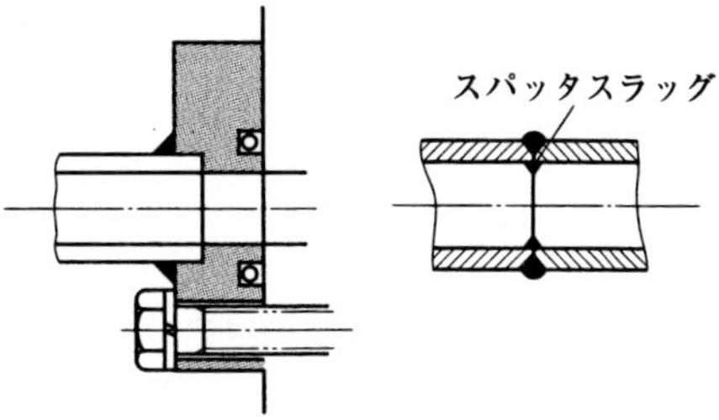

(a) 差込み形　(b) 突合せ形

図 3・98　差込み形と突合せ形の内部構造

③　喰込み継手配管

本体，スリーブ，ナットから構成し，本体にはおねじが切ってあり，中は円すい形のシール部があり，配管挿入時の案内になっています．この管は増し締めが可能で配管工数も少なく，10 MPa 以下の継手としてよく使用されます．

図 3・99 に喰込み継手配管の内部構造を示します．

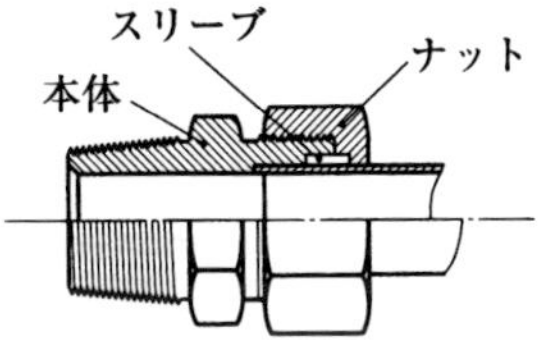

図 3・99　喰込み形の内部構造

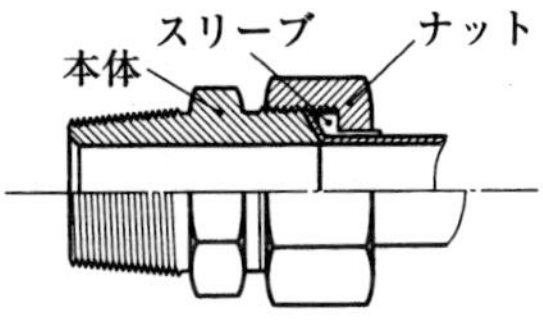

図 3・100　フレア形の内部構造

④　フレア形継手配管

本体，スリーブ，ナットから構成し，配管の先端をラッパ状に押し広げてフレアを付け，本体にナットを締め付けてスリーブでテーパ部を押し付けてシールします．この管は増し締めができないため，メンテナンスを必要とする設備などでは使用しません．

図 3・100 にフレア形継手配管の内部構造を示します．

(4)　作動油

油圧装置の動力伝達の媒体として使ったり，油圧要素機器の摺動部分の潤滑作用，粘性によるシール作用，防錆効果などの役割をはたしています．

a. 作動油の比重

比重とは15℃の単位体積当りの流体の重量と，4℃の水との比をいいます．各種流体の比重を**表3・21**に示します．

表3・21　各種流体の比重

	水	石油系	水-グライコール	W/Oエマルジョン	水ソルブル油	脂肪酸エステル
比　重	1	0.86〜0.92	1.04〜1.1	0.92〜4	1.0	0.9

b. 作動油の圧縮性

作動油は非圧縮性といわれていますが水より圧縮性があり，アクチュエータの容積が大きい場合や高圧仕様（25 MPa 以上）のときは圧縮性を確認していないと圧力上昇，初期動作時の応答遅れを生じます．

＜圧縮性＞

圧縮率 $$\beta = -\frac{1}{V}\frac{dv}{dp} \ (\mathrm{cm^2/kgf})$$

体積弾性係数 $$K = \frac{1}{\beta} = V\frac{dp}{dv} \ (\mathrm{MPa})$$

ここで，V：体積，p：圧力，v：平均流速

種　　類	β (cm²/kgf)	K (MPa)
石　油　系	$5.2\sim7.2\times10^{-5}$	$1.39\sim1.92\times10^{3}$
水-グライコール系	2.87×10^{-5}	3.45×10^{3}
W/Oエマルジョン	4.39×10^{-5}	2.3×10^{3}

c. 作動油の種類

作動油は用途に応じて石油系，難燃性に分類されます．

① **石油系作動油**

この種類としてはタービン油系が一般的に使用されています．

表3・22に石油系作動油の種類を示します．

② **産業用作動油（添加タービン油）**

価格，安定性，潤滑性の面から動力の伝達，油圧ポンプ・油圧機器・アクチュエータの働きに適した作動油として使用されています．

表 3·22　石油系作動油の種類

- 石油系作動油
  - 産業用作動油（添加タービン油）
  - 一般鉱物油（無添加タービン油）
  - R&O 形作動油
  - 耐摩耗性作動油

③　一般鉱物油（無添加タービン）

消泡性，水分離性，非乳化性が良好で適当な粘度，粘度指数，油膜強度を持ち，安定性に優れた作動油です．通常，耐摩耗性を良くする添加剤は含まれていません．

④　R&O 形作動油

添加タービン油を基準に酸化安定剤・高粘度指数・十分な油膜強度と潤滑性・水分離性・泡立ち防止および防錆性を有したものです．

⑤　耐摩耗性作動油

油圧ポンプの摩耗防止機能を有し，長寿命で防錆と適正な抗乳化性を有しています．耐摩耗性添加剤はリン酸エステル・亜リン酸エステル・チオリン酸エステル・ジチオリン酸亜鉛などを添加しています．

⑥　難燃性作動油

火災の危険性のある環境に設置する油圧装置用の作動油として用いられます．種類としては作動媒体に水分を含むものを含水系，その他の媒体のものを合成系といいます．この作動油は各々に適した使用方法や管理が必要です．

表 3·23 に難燃性作動油の種類を示します．

表 3·23　難燃性作動油の種類

- 難燃性作動油
  - 含水系
    - 水-グライコール
    - エマルジョン
      - W/O 形
      - O/W 形（HWBF）
    - ソリューション（HWBF）
  - 合成系
    - 脂肪酸エステル

⑦　油中水形作動油（W/O）－含水系

逆エマルジョンタイプと称され，水分以外は作動油（鉱物油）で添加剤は乳化剤が含まれています．一般には白い色をしており，水分の割合は普通35～40％程度です．また，油温は50℃以下で使用することが条件です．

i）水－グライコール系作動油－含水系

この作動油はエチレングリコール，またはプロピレングリコールと水の溶解液です．水分の割合は35～50％程度です．また，油温は55℃以下で使用することが条件です．65℃以上を超えて水が分離し，適温に戻っても元の状態に戻らない場合があります．そのほかに石油系作動油に使用する塗料は溶かしてしまいますので，油タンク内の塗料は無しかステンレス材を使用する必要があります．

ii）合成系作動油

この作動油の中にリン酸エステル系がありますが毒性があり，環境問題に影響するため，使用に際しては十分に検討が必要です．

iii）高含水作動液

含水率95％で油種がエマルジョン，ソルーションの2種類があります．油圧要素機器への適用として採用しましたが，極端に粘度が小さい（内部洩れが大きい）・潤滑性がない（油圧ポンプの摺動部の摩耗が大きい・油圧機器のスプールの摩耗が大きい）という点より，使用圧力5 MPa以下でピストンポンプのみの使用というのが現状です．また，寿命も短期間で今後の開発を期待します．

以上より作動油の選定を**表3･24**に示します．

表3･24　作動油選定表

選定項目	内　容
耐摩耗性	耐摩耗性を得るための，耐摩耗性添加剤が添加されている． 耐摩耗性の評価はポンプ試験による．
適正粘度	通常の運転油温の範囲内で，機器の隙間の潤滑，および，シール（リーク防止）に必要な粘度を有していること．
防錆性	運転時と，保管中の防錆および酸化防止剤が添加されていること．

第4章 油圧回路

油圧回路は設備や装置の動力伝達とその制御機能に関するもので，その良し悪しは設備や装置の生命を左右し，そのため目的に十分適応した回路でなければなりません．同じ目的のための回路構成は数多くありますが，回路選定はただ，機能を発揮するだけのものでなく安全性，操作性，経済性，保守面などを検討して，決定します．そのための油圧基本回路と油圧応用回路について述べます．

4・1 油圧基本回路

機械への動力伝達と動力の制御機能を有し，その良し悪しは機械・装置の生命を左右します．同じ目的に適応する油圧回路は数多くありますが，その回路の選定は単に機能を発揮するのではなく，安全性・操作性・経済性・保守面をおり込み，油圧要素機器で基本の回路を構成します．

その基本になる回路を**表4・1**に示します．

(1) 圧力制御回路

アクチュエータの推力やトルクは油圧ポンプの吐出し圧力，リリーフ弁の作動圧力・設定圧力の圧力を制御して動力を出します．この回路は安全性と保守面をつねに考慮する必要があります．

a. 調圧回路

① 圧力設定回路

ポンプの種類で回路内の圧力設定が行われます．ポンプの種類は定容量

表4·1　油圧基本回路

基本回路	圧力制御回路	調圧回路	圧力設定回路
			圧力遠隔操作回路
		減圧回路	
		アンロード回路	
		シーケンス回路	
		カウンタバランス回路	
		アキュムレータ回路	
		増圧回路	
	速度制御回路	メータイン回路	
		メータアウト回路	
		ブリードオフ回路	
		差動回路	
		油補充回路	
		減速回路	
		同調回路	
	方向制御回路	ロッキング回路	
	油圧モータ制御回路	定トルク駆動回路	
		ブレーキ回路	
	サーボ回路		

形と可変容量形があります.

i）定容量形ポンプを使用した圧力設定回路（**図4·1**）

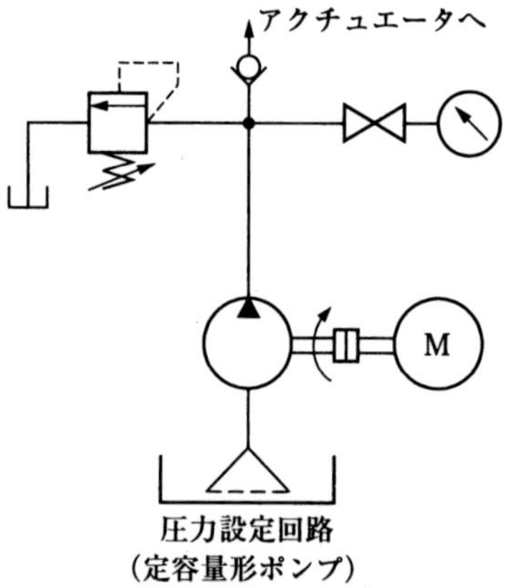

図4·1　圧力設定回路（定容量形ポンプ使用）

図 4・2 に圧力設定回路（定容量形ポンプ使用）の作動説明図を示します．定容量形ポンプとリリーフ弁（回路内の圧力設定・電動機の安全弁）で構成し，小流量を使用する回路で一般的に使用します．

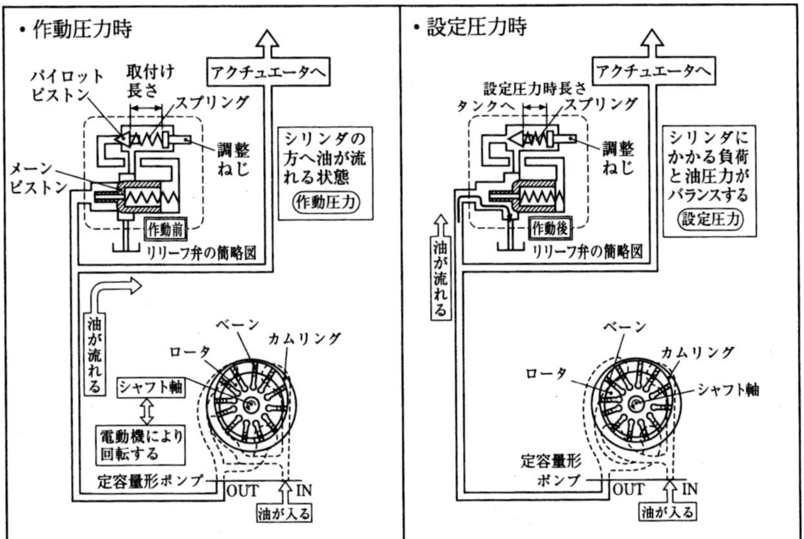

（a）リリーフ弁は作動せず，ポンプ吐出し量はアクチュエータへ

（b）アクチュエータがエンド端でポンプ吐出し量はリリーフ弁からタンクへ

図 4・2　圧力設定回路（定容量形ベーンポンプ使用）の作動説明図

また，回路において油圧ポンプの OUT 側にチェック弁を取り付けます．この機能は油圧ポンプの最高使用圧力以上の圧力が外部から伝達して油圧ポンプが破損するのを防止する安全弁です．油圧ポンプとアクチュエータの制御回路に使用するのが最適です．

ii）　可変容量形ポンプを使用した圧力設定回路（**図 4・3**）

図 4・4 に圧力設定回路（可変容量ベーンポンプ使用）の作動説明図を示します．可変容量形ポンプは圧力制御の機能を持っており，設定圧力時には吐出し流量をカットして電動機の軸入力の低減となり，省エネおよび油温上昇が少ないため，使用の際はこの回路から検討に入ります．

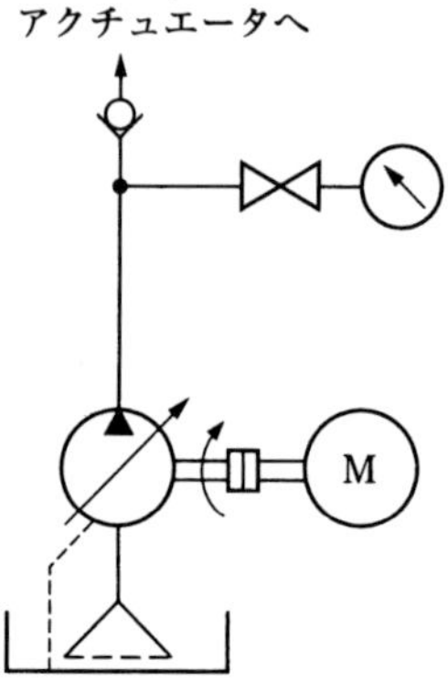

図 4·3　圧力設定回路（可変容量形ポンプ）

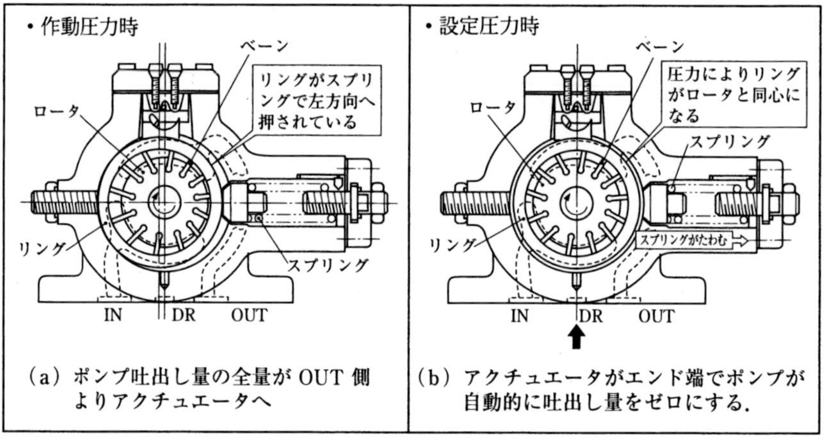

（a）ポンプ吐出し量の全量が OUT 側よりアクチュエータへ

（b）アクチュエータがエンド端でポンプが自動的に吐出し量をゼロにする.

図 4·4　可変容量形ベーンポンプの作動説明図

②　圧力遠隔操作回路

油圧ポンプの設定圧力が圧力制御で油圧装置より離れた所から操作する場合に使用する回路です．操作方法には手動操作と自動操作があります．

i）　手動操作

アクチュエータでかしめ等の圧力調整（段取りのときなど）のとき，目視程度で調整する際に使用します．**図 4·5** に圧力遠隔操作回路（手動操作）を示します．

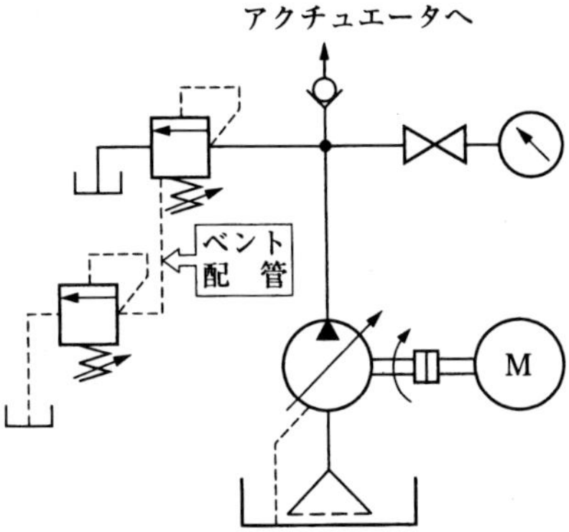

ベント配管：圧力平衡形リリーフ弁の構造でパイロットリリーフ弁としての圧力を外部に取り出した配管をいいます．

図 4·5　圧力遠隔操作回路（手動操作の場合）

ii）　自動操作

定容量形ポンプのときの圧力を電磁切換弁（パイロット切換弁）の切換えで回路内の圧力をアンロード・オンロードにして省エネおよび油温上昇を抑える場合に使用します．ただし，操作性において高圧使用のアンロード・オンロード時にショックが発生し，配管などの緩みによる油洩れや騒音の対応が必要です．**図 4·6** に圧力遠隔操作回路（自動操作）を示します．

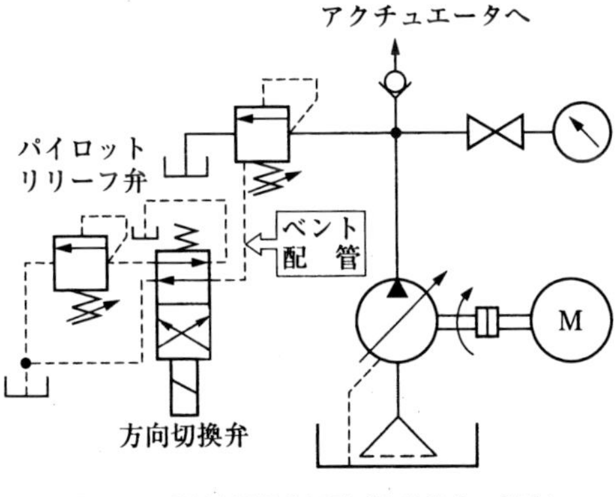

図 4·6　圧力遠隔操作回路（自動操作の場合）

b.　減圧回路（図 4·7）

回路上で油圧ポンプ 1 台に 1 台のアクチュエータの一方のポート口または数台のアクチュエータの内の 1 台を減圧したいときに使用するのが減圧

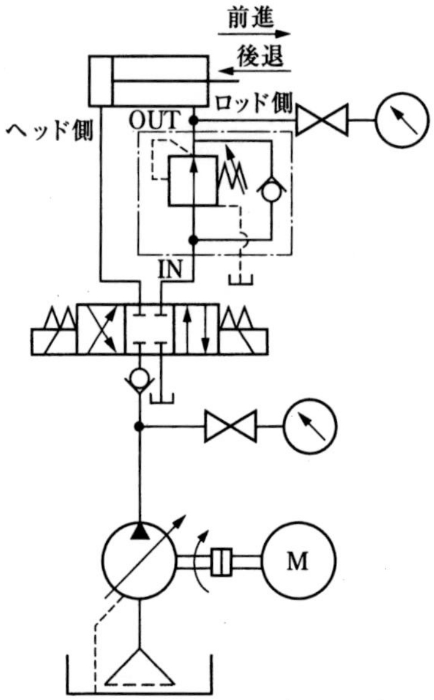

図4·7 減圧回路

弁を用いた減圧回路です．減圧弁のOUT側には必ず圧力計を取り付けます．

油圧装置に取り付けられた圧力計の数は油圧ポンプの吐出し圧力を表示する1台以外は減圧弁の台数です．**図4·8**に減圧回路の作動説明図を示します．

c. アンロード回路（図4·9）

回路内の定容量形ポンプが仕事以外のときに無負荷にしておく回路をアンロード回路といいます．

i） 電磁切換弁を使用したアンロード回路

油圧ポンプの吐出し流量を電磁切換弁からタンクへ戻し，油圧ポンプの設定圧力を無負荷状態にする回路です．この回路は油圧シリンダなどを動作しないとき，省エネ・油温上昇を抑えた状態に保ちます．ただし，2台以上の電磁切換弁を使用する回路の場合は無負荷状態の油圧ポンプに注意しないとシーケンス動作の際，油圧シリンダの作動不良につながります．

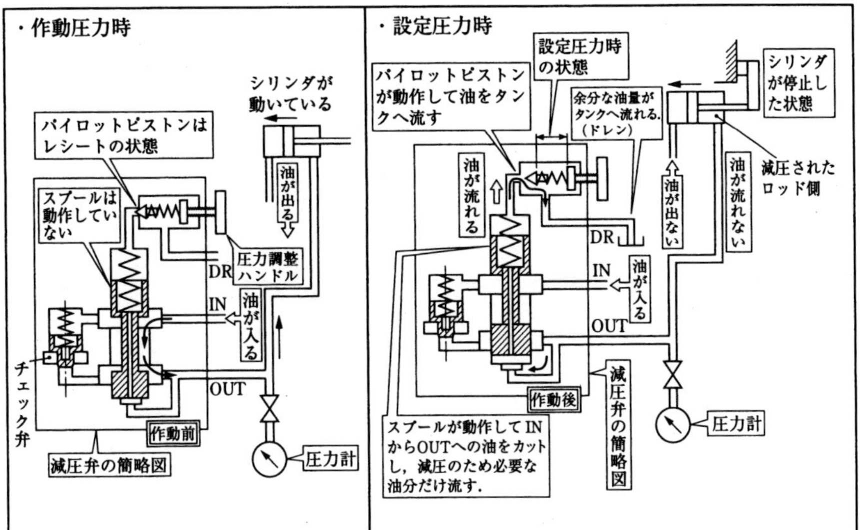

（a）ポンプ吐出し量が全量シリンダへ

（b）シリンダがエンド端となったとき，減圧弁が自動的にシリンダ側圧力を減圧する.

図 4・8　減圧回路の作動説明図

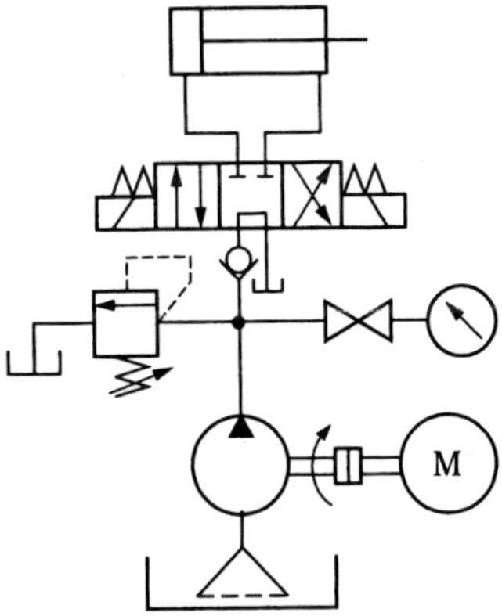

図 4・9　アンロード回路（電磁切換弁）

ii）　圧力制御弁を使用したアンロード回路

- リリーフ弁を使用したアンロード回路（**図 4・10**）

定容量形ポンプの圧力制御であるリリーフ弁と電磁切換弁を組み合わせて，設備機械のサイクルとサイクルの間で油圧ポンプの設定圧力

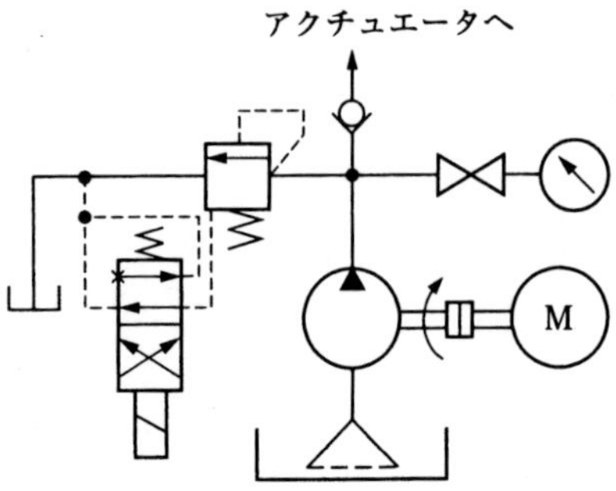

図4･10 アンロード回路(リリーフ弁＋電磁切換弁)

を無負荷にして，省エネ・油温上昇を抑えた状態に保ちます．

- ポンプ2台に圧力制御弁を使用したアンロード回路(**図4･11**)

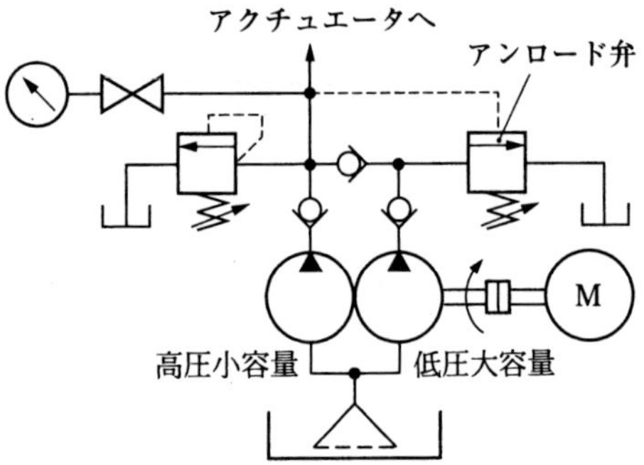

図4･11 アンロード回路(2台のポンプ)

低圧大容量ポンプにアンロード弁を高圧小容量ポンプにリリーフ弁を組み合わせて高速低圧動作後に低速高圧動作をしたときにアンロード弁を動作して大容量ポンプの吐出し量を無負荷状態にします．この動作により省エネ・油温上昇を抑えた状態に保ちます．**図4･12**にアンロード回路(2台のポンプ)の作動説明図を示します．

- アキュムレータ＋圧力制御弁を使用したアンロード回路(**図4･13**)

設備機械のサイクルとサイクルの間が長く，シリンダ容積が大きいか，または高速でシリンダ容積が小さいときにアキュムレータを使用すると効率的な回路が構成できます．ただし，アキュムレータを使用

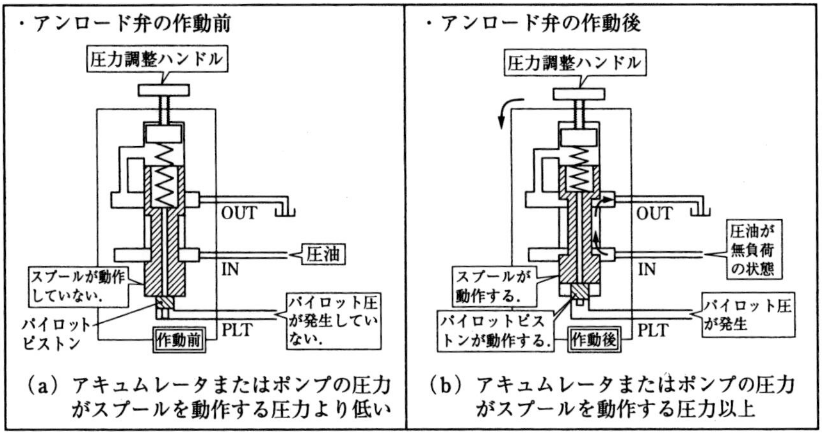

(a) アキュムレータまたはポンプの圧力がスプールを動作する圧力より低い

(b) アキュムレータまたはポンプの圧力がスプールを動作する圧力以上

図 4・12　アンロード回路 (2 台のポンプ) の作動説明図

すると法令および保守点検には十分な考慮が必要です.

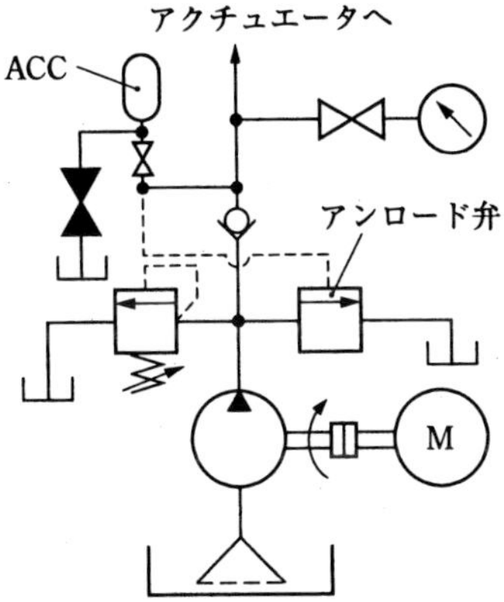

図 4・13　アンロード回路 (アキュムレータ)

d. シーケンス回路 (図 4・14)

2 台以上のアクチュエータがあるとき，その動作を順次に行うときに用いる回路です.

i) 圧力制御弁を使用したシーケンス回路

油圧シリンダを順次に動作するためシーケンス弁を使用します. シーケンス弁の性能 (内部洩れ・圧力オーバライド特性) を考慮しないと 2

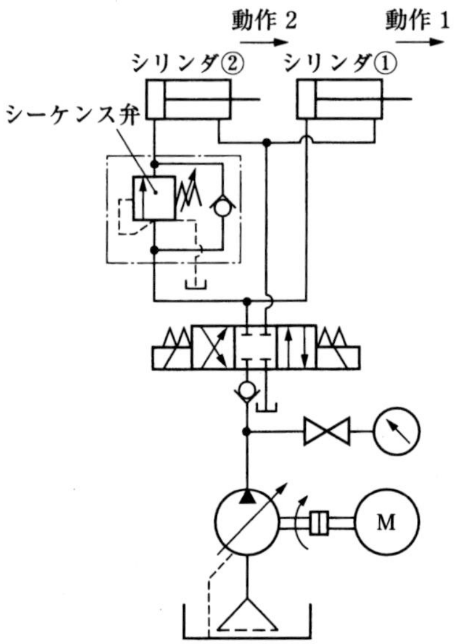

図 4·14 シーケンス回路（シーケンス弁）

本の油圧シリンダが同時に動きますので，使用の際には注意が必要です．**図 4·15** にシーケンス回路（シーケンス弁）の作動説明図を示します．

ii） 電気操作を使用したシーケンス回路（**図 4·16**）

油圧シリンダのストローク端にリミットスイッチを取り付け，その電気信号により電磁切換弁に指令を送り順次動作を行います．

e. カウンタバランス回路（図 4·17）

油圧シリンダで昇降動作を行う際に，下降時に高荷重がかかった状態のとき，油圧シリンダが自走して速度制御が困難になる場合があります．このとき，油圧シリンダのロッド側に圧力を発生させるカウンタバランス弁を使用して高荷重と圧力バランスして下降する回路をいいます．**図 4·18** にカウンタバランス回路の作動説明図を示します．

f. アキュムレータ回路

アクチュエータの動作時，設備機械のサイクルとサイクル間に停止時間があり，アクチュエータの動作容積が大きい場合にアキュムレータに容量を蓄積する時間（チャージ時間）後，動作時に大流量をアキュムレータへ

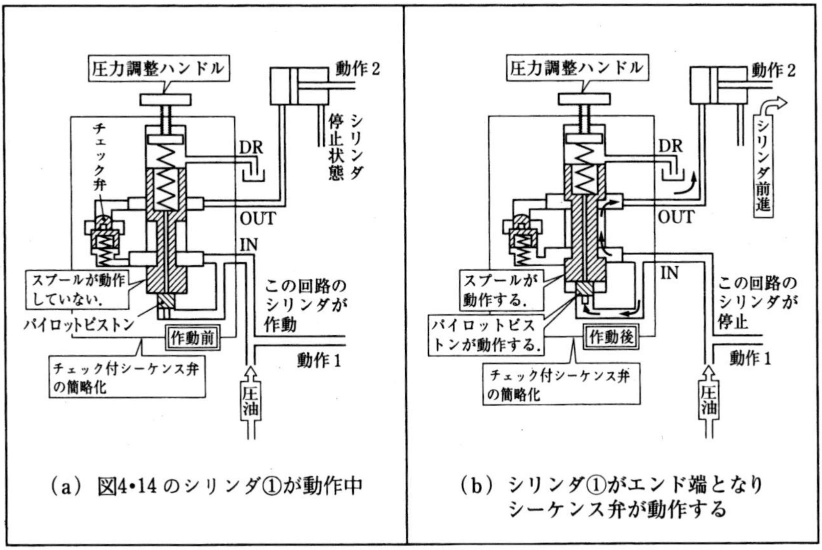

（a）図4・14のシリンダ①が動作中

（b）シリンダ①がエンド端となりシーケンス弁が動作する

図4・15　シーケンス回路の作動説明

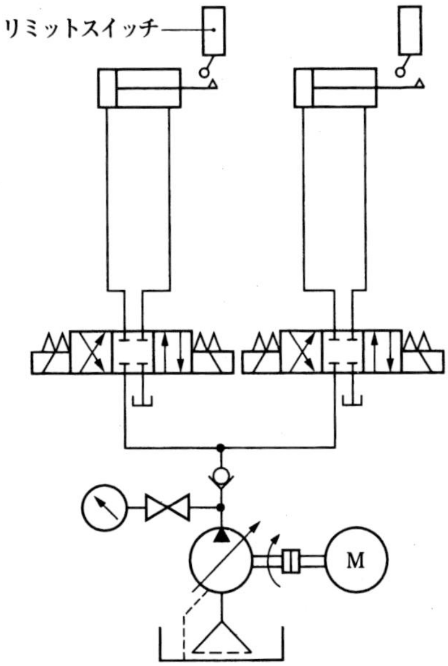

図4・16　シーケンス回路（電気的）

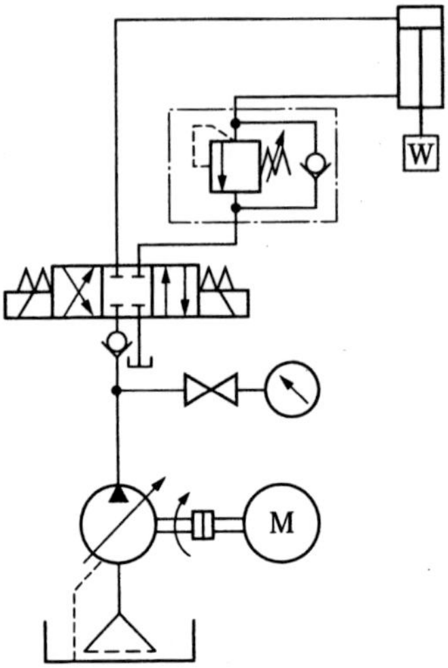

図 4·17　カウンタバランス回路

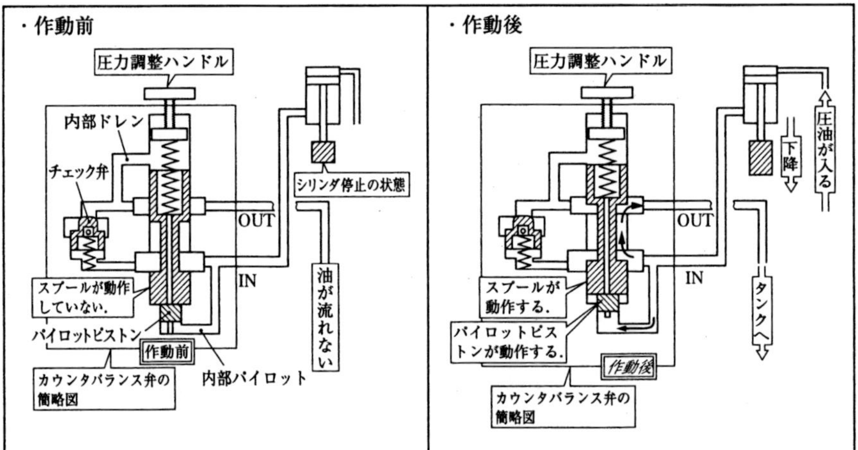

(a) シリンダの荷重とカウンタバランス弁の設定圧力がバランスしている状態

(b) バランス状態に油圧ポンプの方から圧油が入り，シリンダが動く.

図 4·18　カウンタバランス回路の作動説明

供給して省エネ効果のある回路をいいます．また，油圧回路内に短時間に発生する高圧（サージ圧力），油圧ポンプの脈動を吸収する場合の回路にも適用します.

i）　定容量ポンプを使用したアキュムレータ回路（**図4·19**）

小容量（10 l/min）以下で高圧仕様の場合に使用する回路です．アキュムレータに油圧ポンプからの供給圧油がチャージするとプレッシャスイッチが電気信号を電磁切換弁（パイロット切換弁）に送り，油圧ポンプの圧力を無負荷状態にして，省エネと油温上昇を抑えます．ただし，回路内に圧縮された圧油があるため，安全には十分に注意が必要です．

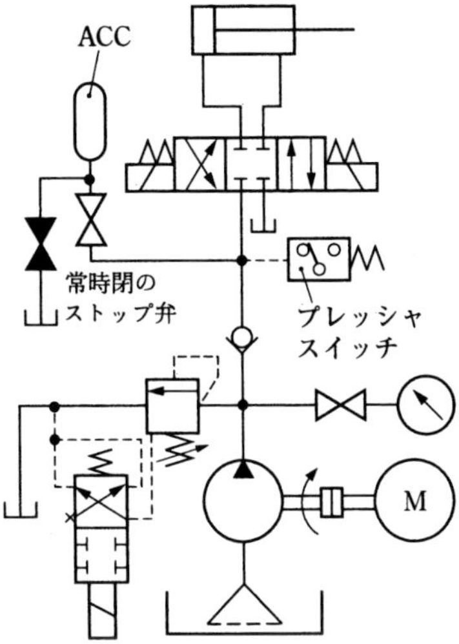

図4·19　アキュムレータ回路
（定容量形ポンプ）

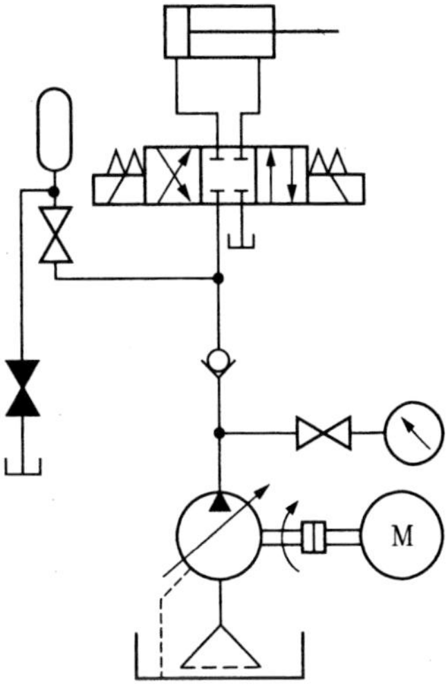

図4·20　アキュムレータ回路
（可変容量形ポンプ）

ii）　可変容量形ポンプを使用したアキュムレータ回路（**図4·20**）

回路構成を定容量形ポンプ使用より簡略した回路で，一般的に使用されています．ここで使用する可変容量形ポンプは容積効率の良いピストンポンプを使用します．ただし，回路内に圧縮された圧油があるため，安全には十分に注意が必要です．

g.　増圧回路（図4·21）

油圧シリンダの小容量動作で油圧ポンプの圧力以上を必要とする回路に増圧器（ブーストシリンダ）を取り付けたものです．この動作は電磁切換弁 SOL 2 を ON すると油圧シリンダが動作し，前進端で停止するとリミットスイッチの信号で電磁切換弁 SOL 3 が ON し，圧油がブーストシリ

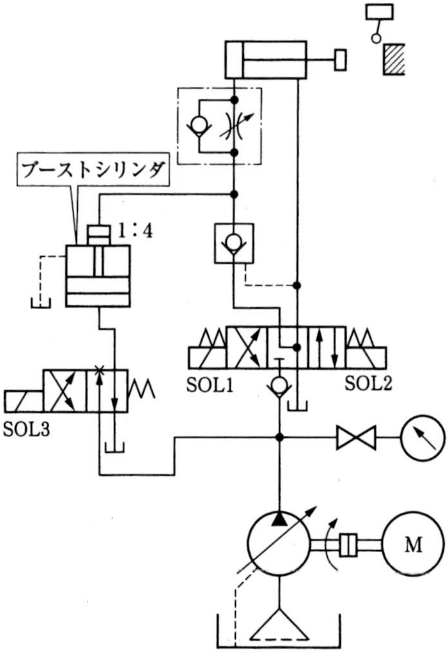

図4・21　増圧回路

ンダへ伝達し，ブースト圧が発生し高負荷が発生します．図4・21において ブースト比1：4の場合，回路の圧力が5 MPaであれば20 MPa（理論値）を油圧シリンダに伝達します．

(2)　速度制御回路

油圧アクチュエータの速度を制御するのは，一般的に油圧ポンプの吐出し量を絞り，流量をコントロールすることです．そのほかに油圧シリンダの容積を制御する方法の速度の求め方があります．

a.　油圧ポンプの吐出し量を絞り，流量をコントロールする方法

①　メータイン回路・メータアウト回路・ブリードオフ回路

この回路は流量制御弁と油圧シリンダの構成の相違で使われ方が変わります．

i） メータイン回路（**図 4·22**）

油圧ポンプと油圧シリンダの間に流量制御弁を取り付け，動作時の推力を最大限に生かす速度制御です．この回路の油圧シリンダは自走の心配がない場合に使用します．ただし，定容量形ポンプを使用する場合は油圧シリンダへ供給以外の圧油をリリーフ弁から逃がしながら使用するので，動力損失が大きく油温上昇の原因になるので注意が必要です．

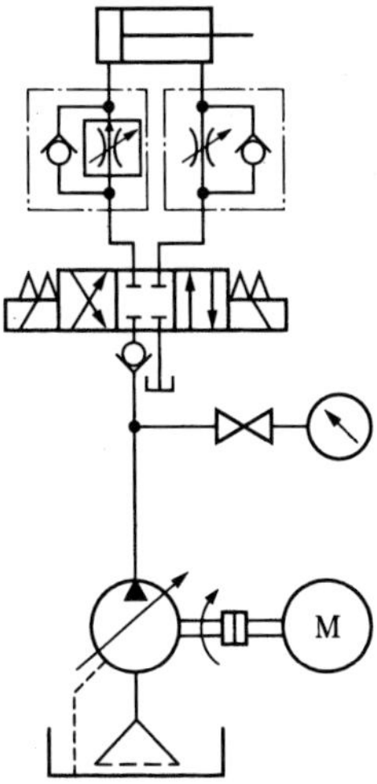

図 4·22 メータイン回路

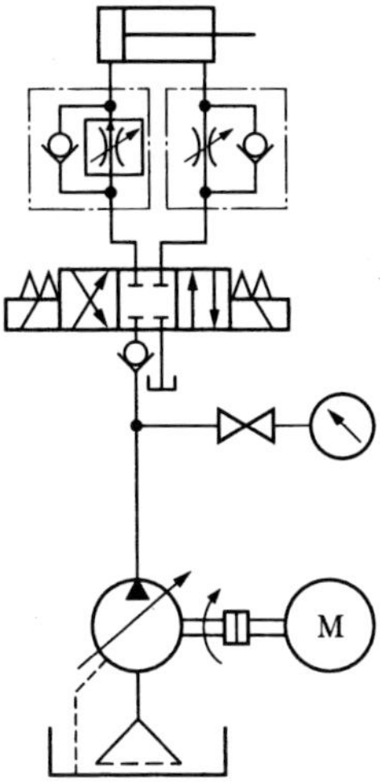

図 4·23 メータアウト回路

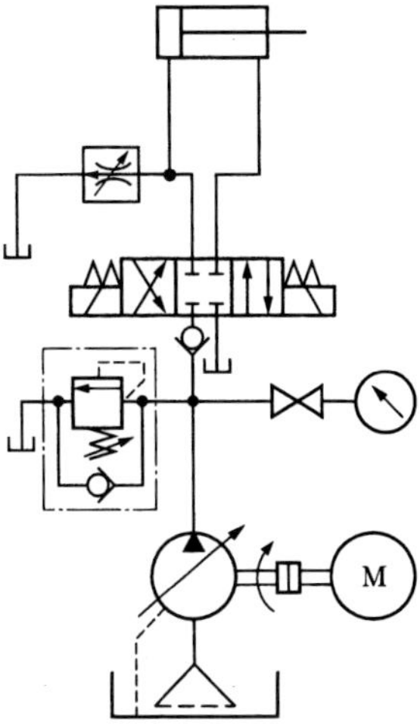

図 4·24 ブリードオフ回路

ii） メータアウト回路（**図 4·23**）

油圧シリンダの戻り油を流量制御弁で絞り，油圧シリンダの自走を防ぐ場合に使用します．動作の安全を含めて，一般的にこの回路が使用されます．また，動力損失が大きく油温上昇の原因についてはメータイン回路と同じです．

iii） ブリードオフ回路（**図 4·24**）

油圧ポンプの吐出し量を油圧シリンダへ供給する際，速度に必要な流量以外は油圧シリンダの手前で流量をバイパス*して，油圧ポンプの動作圧力を低減して省エネ効果のある回路にしたものです．ただし，この回

* バイパス：油圧ポンプからの吐出し量を一部分岐してタンクへ戻すことです．

路は速度制御が悪く，特に油圧シリンダへ供給する流量が少なくバイパスの流量が多い場合は，さらに速度制御が悪くなるので注意が必要です．

以上の速度制御の回路を性能的に比較すると**表4･2**となります．

表4･2 速度制御回路比較

	メータイン回路	メータアウト回路	ブリードオフ回路
制御方法	アクチュエータの入口側で流入量を制御	アクチュエータの出口側で流出量を制御	アクチュエータの入口側で戻り量制御
余剰油	余剰油はリリーフ弁から逃げる	余剰油はリリーフ弁から逃げる	余剰油は流量調整弁から逃げる
アクチュエータ作動圧力	負荷に見合った圧力で作動する	負荷にかかわらず一定圧で作動する	負荷に見合った圧力で作動する
負荷の方向	負荷が負の方向に働くと流量制御できず	負荷が正負いずれの方向に働いても流量制御できる	負荷が負の方向に働くと流量制御できず
速度の制御	負荷が急激に変動すると速度が変動する	負荷が変動しても速度はほぼ一定	負荷変動ポンプ吐出し量の変動により速度が変動する
停止時のショック	負荷が小さい場合ショックが少ない	急激な停止の場合ショック大	負荷が小さい場合ショックが少ない
停止精度	慣性力が大きいと停止精度は悪い	停止精度は良	慣性力が大きいと停止精度は悪い
アクチュエータの複数操作	1個のポンプで複数のアクチュエータを並列に同時操作可能	1個のポンプで複数のアクチュエータを並列に同時操作可能	1個のポンプで複数のアクチュエータを同時操作できない

② 減速回路（図4･25）

油圧シリンダを急速に停止すると大きなショックが発生します．このショック防止として減速弁を使用します．油圧シリンダが前進時に油圧シリンダに取り付けたドッグで減速弁のカム部を押し下げて，減速してショックを防止します．

b. 油圧シリンダの容積を制御する方法

① 差動回路（図4･26）

負荷が小さい状態で高速動作を行うとき，小容量の油圧ポンプで可能な回路です．油圧シリンダのヘッド側とロッド側に同じ作動圧力を送り，油圧シリンダの面積差で発生する推力で動作します．この動作で不足する油

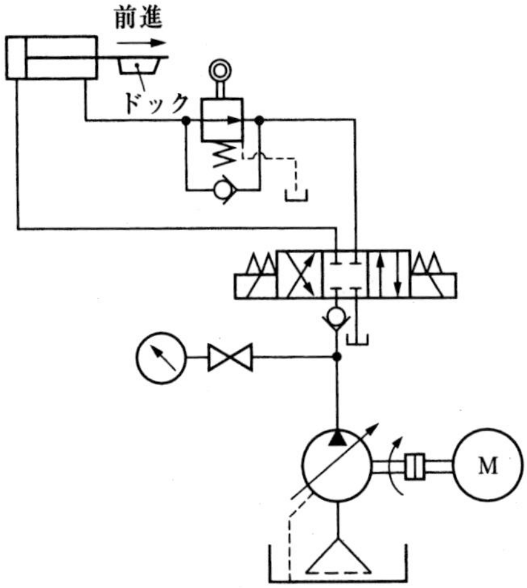

図 4·25　減速回路

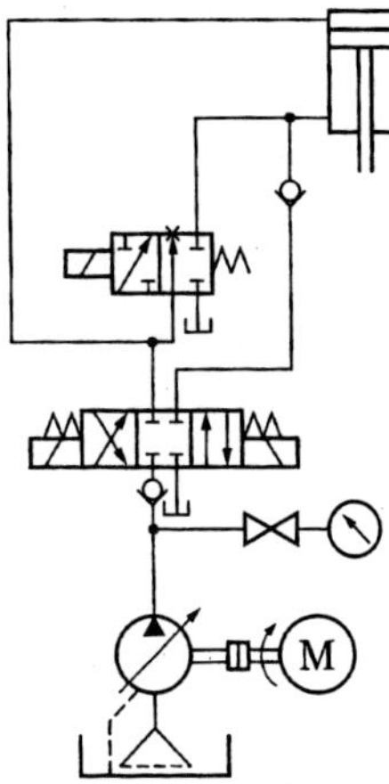

図 4·26　差動回路

圧シリンダ内の容積分を油圧ポンプからの吐出し量で補います.

② 油補充回路（図 4·27）

油圧シリンダの作動方式の中のラム式を油圧プレスに使用すると油圧ポ

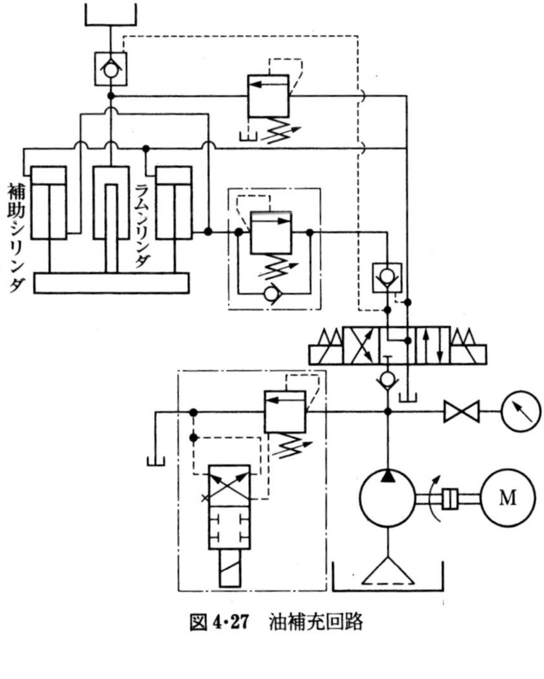

図 4·27　油補充回路

ンプの吐出し量が大きくなります．回路構成上ラム式シリンダ*に補助シリンダ2本を加えます．動作は最初補助シリンダに油圧ポンプから圧油を供給し，そのときラムシリンダは作動油を吸い込む状態にします．最終加圧状態のときにシーケンス弁が作用して油圧ポンプの圧油をラムシリンダへ供給し，プレス動作に入ります．また，ラムシリンダの戻しはパイロットチェック弁を作動させて作動油をタンク（この回路は2台のタンクで構成します）に戻します．

この回路で注意することは，

i） 大きなシリンダに小容量油圧ポンプを使用したとき，作動油の圧縮率で圧力上昇が遅く，プレス荷重に時間がかかりますので，必ず計算をしておくことが必要です．

ii） 高圧仕様の多い油圧プレスの中で大きなシリンダを使用したとき，ラムシリンダ内の圧油を開放する際の衝撃を防止するため，圧抜きを必ず必要とします．

③ 同調回路

2本以上（偶数）の油圧シリンダを同時に動作するときの回路です．回路の中でも精度（同調精度）を出すことが難しく，油圧シリンダのストローク長さにより使い分けることをお勧めします．

i） 流量調整弁を使用した同調回路（**図4・28**）

圧力・温度補償付流量調整弁2台を使用して構成する回路です．この流量調整弁の取付け配管，継手は2台同じように施工することが必要です．また，油圧シリンダのストロークは100 mm以内を限度として使用するのが効果的です．

この回路はフィードバック制御がないため，ストロークの短いものに使用するのが最適です．

ii） 分流弁を使用した同調回路（**図4・29**）

回路として分流弁を使用します．ただし，圧力補償タイプのため，分流弁の前後の圧力差を0.7〜1 MPa以上にすることが必要です．また，油圧シリンダのストロークは100 mm以上で使用（分流制御の応答遅れ）

---

* ラム式シリンダ：シリンダの分類では単動形でピストンとロッドが同径になったものです．

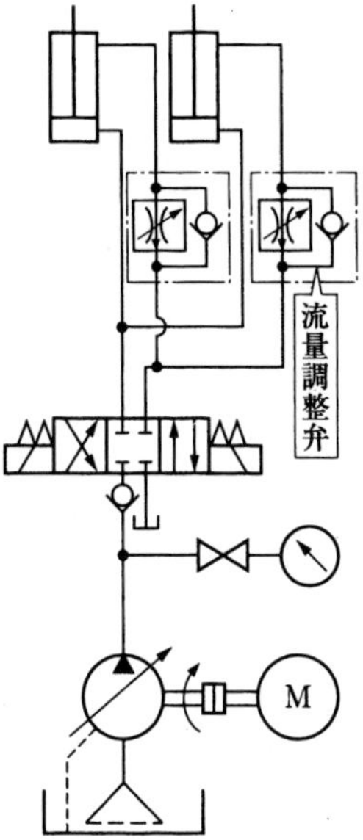

図 4・28　同調回路（流量調整弁）

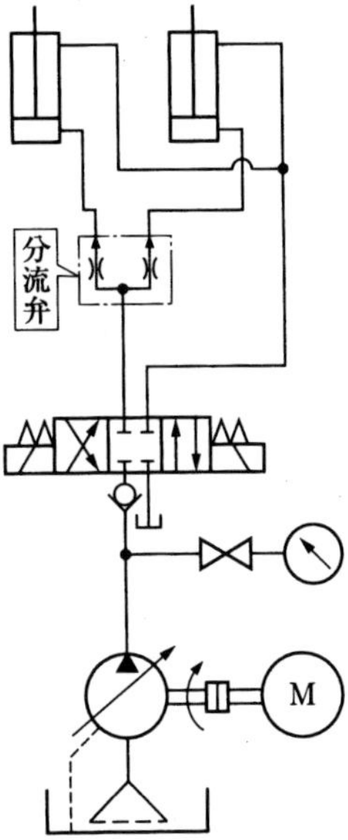

図 4・29　同調回路（分流弁）

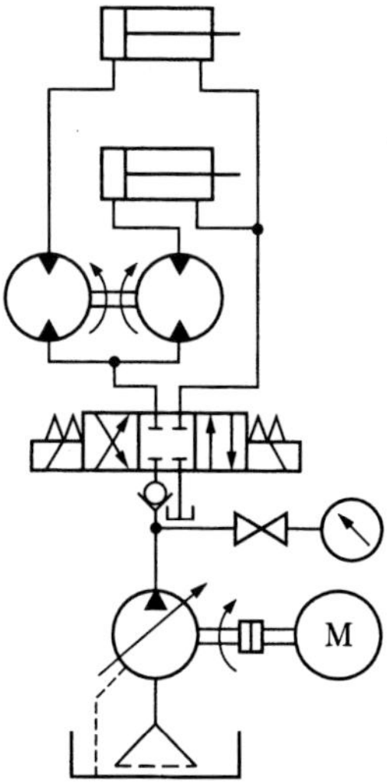

図 4・30　同調回路（油圧モータ）

するのが効果的です．

この回路を使用するときは上昇端，下降端からのスタートで使用するようにします．中間からだと累積誤差のため同調機能がないまま仕事を終えてしまう恐れがあります．

ⅲ）油圧モータを使用した同調回路（**図 4・30**）

この回路は油圧モータの容積効率（内部洩れ）で決まります．特に容積効率の良いピストン形モータ以外は同調機能は難しくなります．また，必ず回路に修正（同期）回路が必要です．

この回路（特にピストン形モータ使用回路）はイニシャルコストが高く，設備投資的に考慮する必要があります．

(3)　方向制御回路

アクチュエータの前進/後退・上昇/下降・正転/逆転を行うのに方向切換弁とサーボ弁による回路があります．

a. 方向切換弁を使用した方向制御回路

① パイロット操作チェック弁を使用したロッキング回路 (図 4・31)

油圧シリンダを長時間中間停止するときに構成する回路です.

図 4・32 にロッキング回路 (パイロット操作チェック弁) の作動説明図を示します.

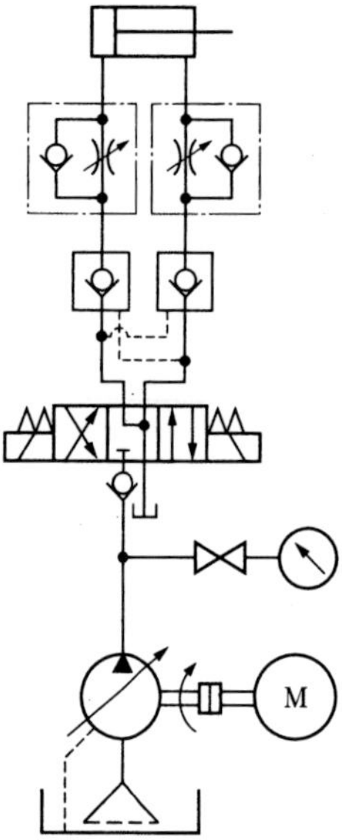

図 4・31 ロッキング回路 (パイロット操作チェック弁)

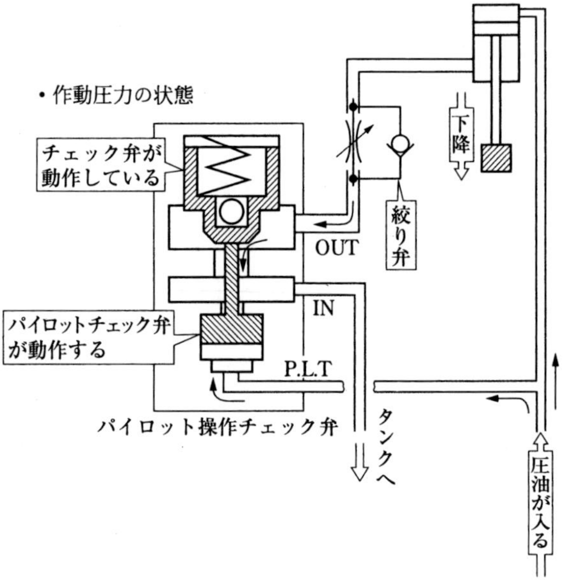

図 4・32 ロッキング回路 (パイロット操作チェック弁) の作動説明

② 電磁切換弁を使用した方向制御回路 (図 4・33)

油圧シリンダに外力がかからないときに停止した位置を保持し, 定容量形ポンプの設定圧力を無負荷にする場合に使用します.

油圧シリンダに外力がかからないときに可変容量形ポンプを使用するとき電磁切換弁で中立においてすべてのポートを閉じたものを使用し, 設定圧力を保持して使用すると油圧シリンダが自走するので注意が必要です.

図 4・34 にロッキング回路 (電磁切換弁) の作動説明図を示します.

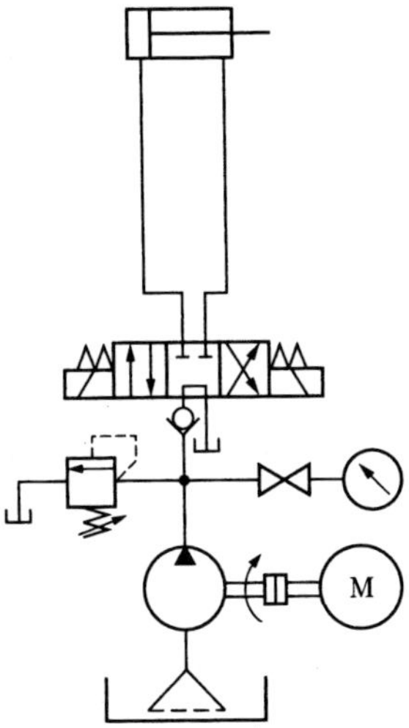

図 4・33　ロッキング回路（電磁切換弁）

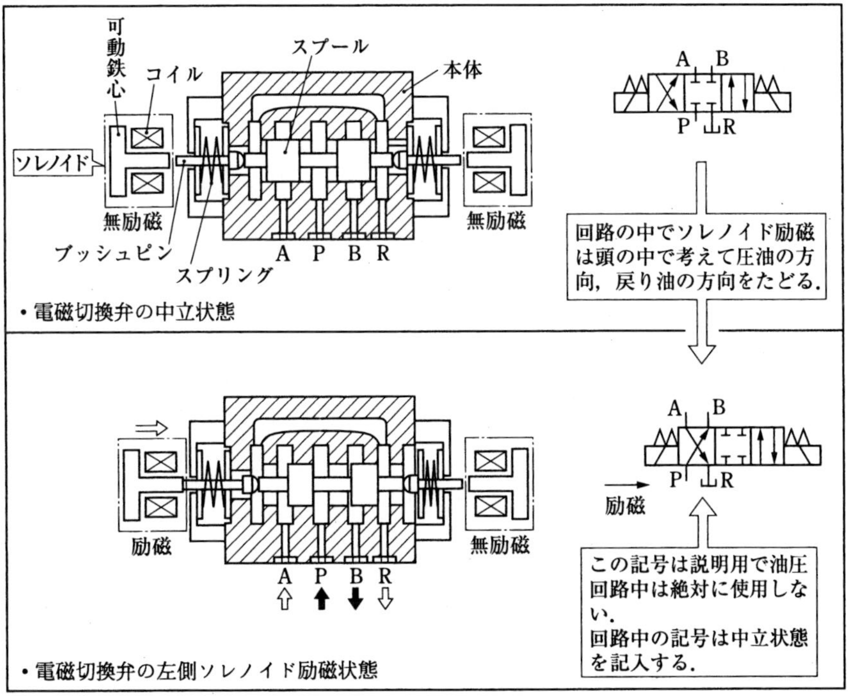

図 4・34　電磁切換弁の作動説明

b. サーボ弁を使用した方向制御回路

①　油圧ならい制御回路（トレーサ回路）

設備機械に取り付けたテンプレートの動作に沿ってならいサーボ弁の触針により制御される回路です．**図4・35**にならい制御回路を示します．

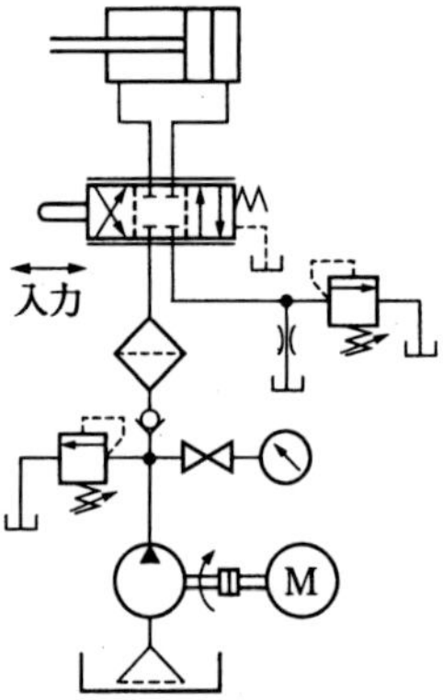

図4・35　ならい制御回路

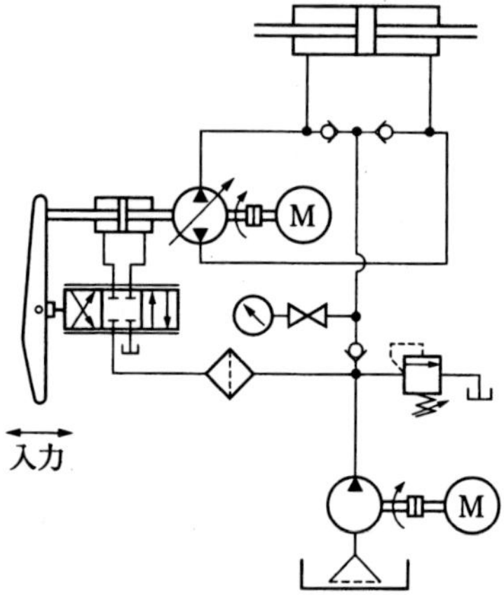

図4・36　油圧ポンプ吐出し量制御回路

②　油圧ポンプ吐出し量制御回路（図4・36）

サーボ弁と油圧シリンダにより入力に応じた油圧ポンプの吐出し量を調整し，油圧シリンダの速度制御を行う回路です．

③　電気・油圧サーボ回路（図4・37）

微小な電気信号を入力として，これを油圧動作に変換する電気・油圧サーボ弁を使用した回路です．

(4)　油圧モータ制御回路

電動機のトルクを油圧の増圧変換で高トルクを出し，そのトルクおよび速度制御を容易に行うことができます．

a. 定トルク駆動回路（図4・38）

油圧ポンプの設定圧力を一定にし，油圧モータを駆動する回路です．

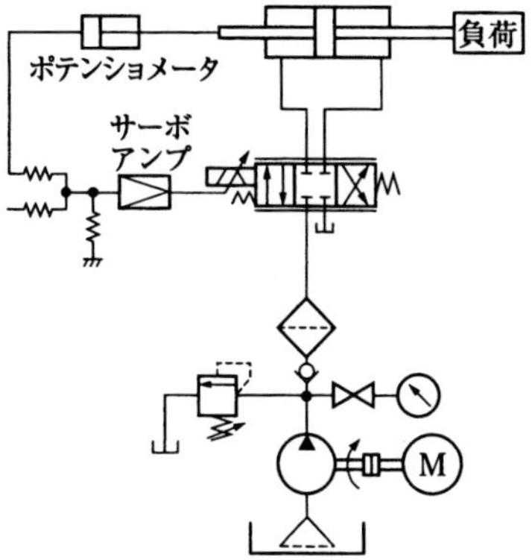

図 4・37　電気・油圧サーボ回路

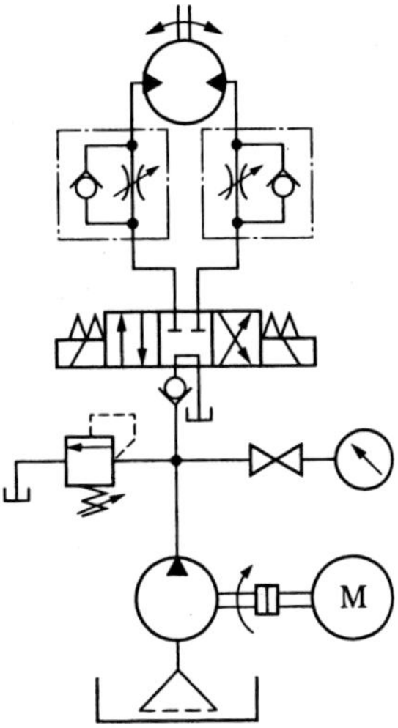

図 4・38　定トルク駆動回路

b.　ブレーキ回路（図 4・39，図 4・40）

油圧モータを停止するとき，油圧ポンプの吐出し量をゼロにするか電磁切換弁で圧油をカットします．このとき，油圧モータは慣性により回転使用とするため回路内に逆差圧が働き，油圧モータが逆転して大きな衝撃を発生します．この衝撃防止としてブレーキ弁を回路に使用します．

4・2　油圧応用回路

油圧基本回路の組合せにより，産業機械に使用されている事例について述べます．

(1)　油圧昇降回路（図 4・41）

この回路は上昇のみ油圧ポンプからの圧油を使用し，下降は積載荷重を利用して下降します．

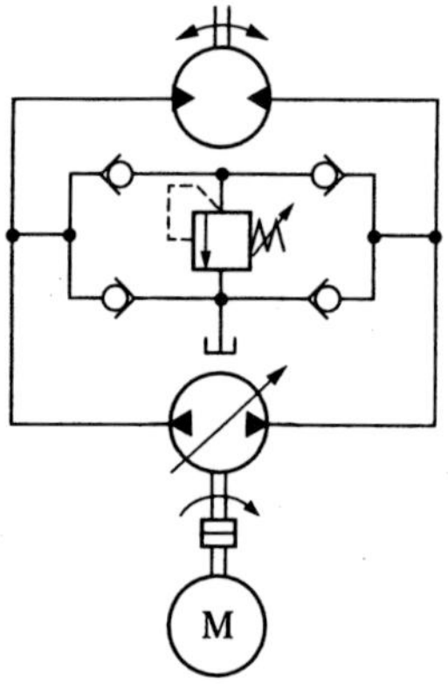

図4・39　ブレーキ回路（油圧ポンプ）

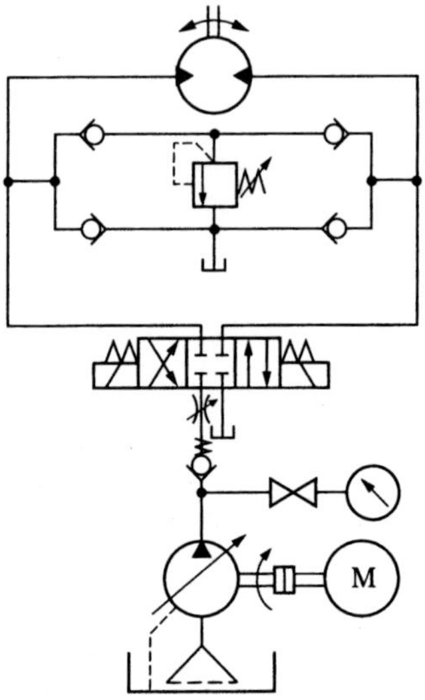

図4・40　ブレーキ回路（電磁切換弁）

(2)　ボール盤に使用の回路（図4・42）

この回路は早送りで素早くワーク近くまで刃具を近づけ，切削送りを確実に行い，負荷の変動があっても切削送りが一定になる回路を構成します．

(3)　ブローチ盤に使用の回路（図4・43）

この回路は切削力の変動が大きく，びびりを起こしやすいため油圧シリンダの排出側にカウンタバランス弁を取り付け，速度制御はブリードオフ回路で構成します．

(4)　平面研削盤に使用の回路（図4・44）

この回路はテーブル駆動の左右のターンのとき，いかに切換えショックを出さず切り換えるかが急所であり，また，油温コントロールは速度制御の精度を維持するため必要です．

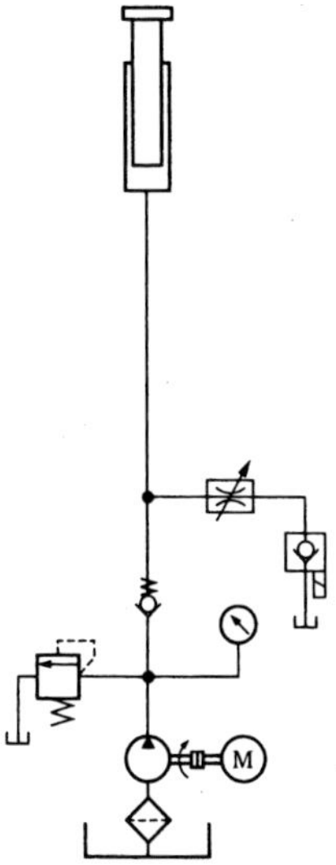

・上昇の速度はポンプの吐出し量で決定します

図 4·41　油圧昇降回路

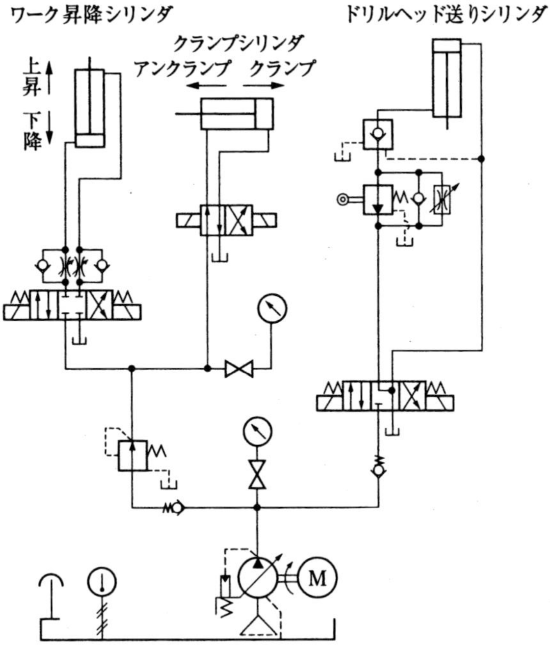

図 4·42　ボール盤用油圧回路図

(5)　油圧プレスに使用の回路（図 4·45，図 4·46）

この回路は油圧基本回路の油補充回路を使用し，タンクを 2 台使用しています．とくに，1 000 トンプレスでは油圧シリンダ（ラムシリンダ）が大きくても小容量ポンプで動作できる特徴があります．

(6)　連続鋳造機に使用の回路（図 4·47）

この回路は上型，下型に鋳砂を固めて型枠合わせをするため，ショックがないようにする必要があります．ショックが出ると砂型が壊れて不具合になります．この対応を油圧制御で実施します．

また，この回路に電流制御を使用した回路がありますが，ゴミに弱いため十分のメンテナンスを必要とします．

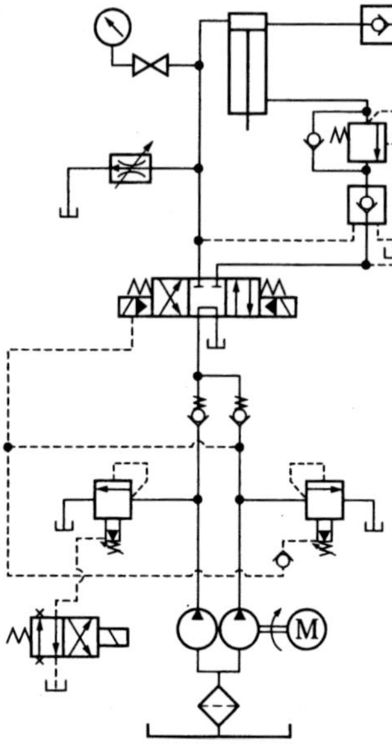

図 4·43 ブローチ盤用油圧回路

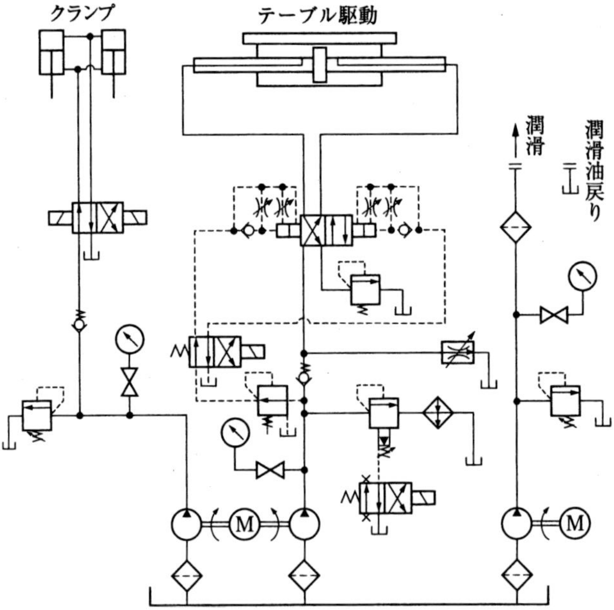

図 4·44 平面研削盤用油圧回路

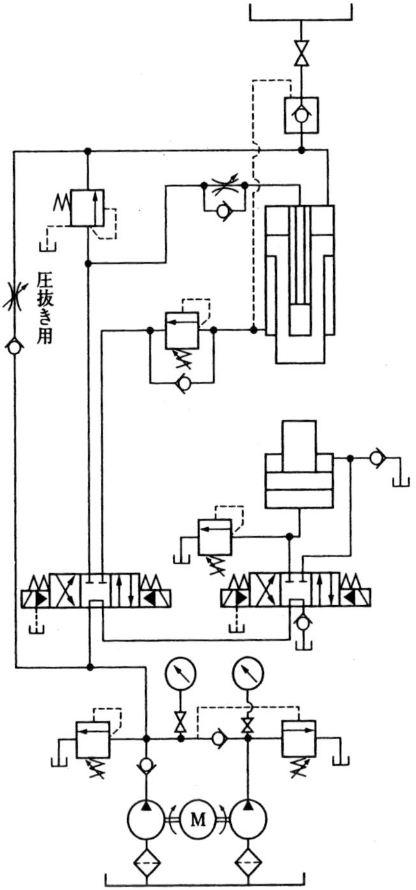

図 4・45　50 トン油圧プレス回路

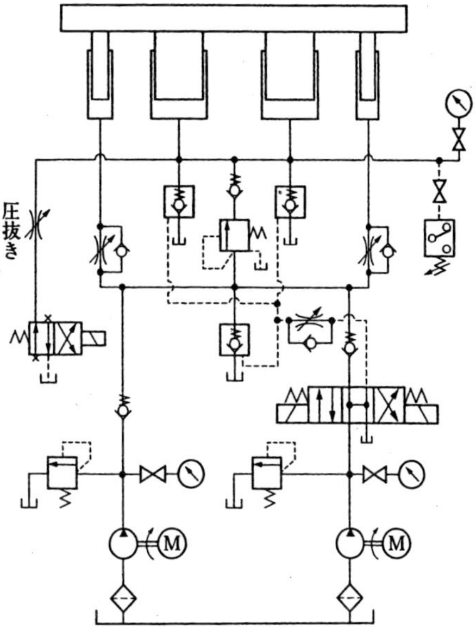

図 4・46　1 000 トン油圧プレス回路

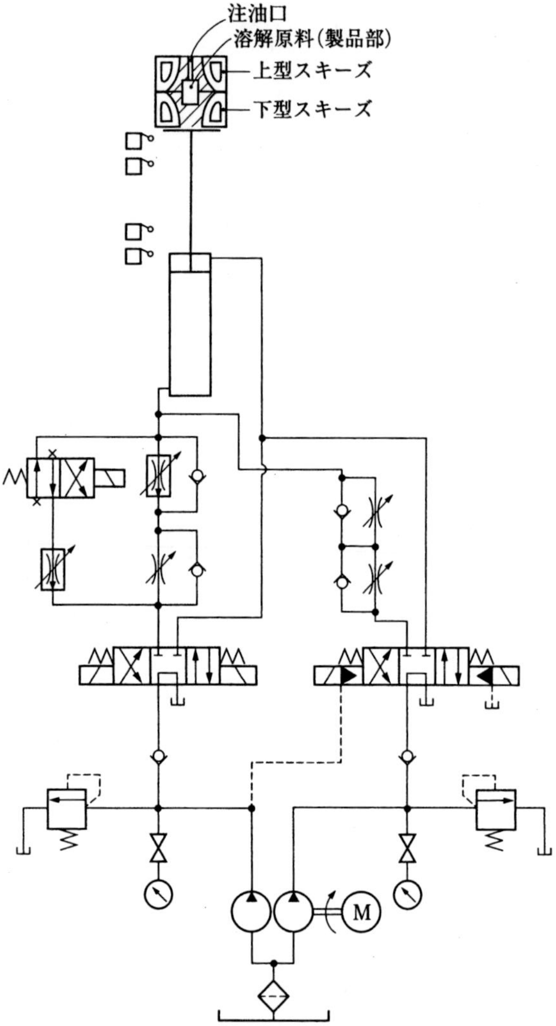

図4・47　連続鋳造機用油圧回路

付録　技術資料

付録1　作動油の粘度に関する計算資料

1. 粘　度

絶対粘度　$\mu = \dfrac{\tau}{\dfrac{du}{dy}}$　　単位ポアズ (P)

$$1\ \text{ポアズ (P)} = 1\,\frac{\text{dyne}\cdot\text{sec}}{\text{cm}^2}$$

$$1\ \text{センチポアズ (CP)} = \frac{1}{100}\ \text{ポアズ (P)}$$

dy : 平行にならんだ流線に沿ってとられた平行平面間の距離

du : 速度差

τ : 流れと平行に du/dy に比例して各面に作用するせん断応力

動粘度　$\nu = \dfrac{\mu}{\rho}$　　単位ストークス (St)

$$1\ \text{ストークス (St)} = 1\,\frac{\text{cm}^2}{\text{sec}}$$

$$1\ \text{センチストークス (cSt)} = \frac{1}{100}\ \text{ストークス (St)}$$

ρ : 密度$\left(\dfrac{\text{dyne}\cdot\text{sec}^2}{\text{cm}^4}\right)$

実用単位　セイボルト秒 (SSU または SUS) : 60cc の油が一定の毛細管を重力により流出するに要する時間を秒で呼びます.

粘度の換算　センチストークスとセイボルト秒との間には，次の実験式にて示される関係があります.

$$\nu = 0.226t - \frac{195}{t}\ (\text{cSt}) \qquad t < 100$$

または $\nu = 0.220t - \dfrac{135}{t}\ (\text{cSt}) \qquad t > 100$

t : SSU

通常使用される粘度範囲は 20 〜 400 cSt (100 〜 2000 SSU) です．

2. 温度と粘度

通常の作動油の温度-粘度の関係は次式にて表され，温度-粘度チャートの目盛もこの式にもとづいて作られています．

$$\log\log(\nu+0.8)=n\log T+C$$

ν : 動粘度 (cSt)

T : 絶対温度

n および C : 油固有の定数

粘度指数 (VI)　温度-粘度特性を数値にて表現するのに VI を用います．これは温度による粘度変化の少ないペンシルバニア産の作動油の VI を 100 とし，変化の大きなガルフコースト産の油の VI を 0 として，次式により試料油の VI を求めます．

$$\mathrm{VI}=\frac{L-U}{L-H}\times 100$$

L : VI 0 の油の 100 °F (37.8 ℃) における動粘度

H : VI 100 の油の 100 °F (37.8 ℃) における動粘度

U : 求める油の 100 °F (37.8 ℃) における動粘度

ただし上記 3 種の油は 210 °F (98.9 ℃) にて同一粘度を有するものとします．

3. 圧力と粘度

油の粘度は圧力により増加します．その関係は次式にて表されます．

$$\mu=\mu_0 e^{\alpha P}$$

μ: 圧力 P における粘度

μ_0: 大気圧における粘度

α: 油の種類により異なる定数

通常の圧力範囲内では圧力の影響は無視できます．

4. 油の体積弾性率

油を圧縮してその容積を縮めると圧力を発生します．この圧力は容積の歪みに比例します．この比例係数 K を体積弾性率といい，油の圧縮されにくさを示します．K の逆数 $1/K$ を圧縮率 β といいます．

$$P-P_0=K\frac{V_0-V}{V_0}$$

P_0：容積 V_0 のときの圧力（MPa）

P：容積 V のときの圧力（MPa）

V_0：圧力 P_0 のときの容積（cm^3）

V：圧力 P のときの容積（cm^3）

K：体積弾性率

K は通常の油に対しては $1.4 \sim 2.0 \times 10^4$ の値をとりますが，温度，圧力により変化し，また油中に気泡が含まれるときは大きく低下します．

配管が圧力を受けて変形したときの見かけの体積弾性率を K_e とすれば，K_e は次式から求められます．

$$\frac{1}{K_e} = \frac{1}{K} + \frac{d}{E \cdot b}$$

d：管内径（cm）

E：管材のヤング率

b：管内厚（cm）

5. 熱膨張

油の体積は温度によって変化します．

$$V = V_0\{1 + \theta(T - T_0)\}$$

V_0：温度 T_0（℃）における油体積（cm^3）

V：温度 T（℃）における油体積（cm^3）

θ：油の体積膨張係数

$$\theta = 8.5 \sim 9.0 \times 10^{-4}/°C$$

6. レイノルズ数

流れが層流であるか乱流であるかによって管抵抗が大いに異なります．層流・乱流の区別はレイノルズ数の大きさによります．管内流のレイノルズ数は次式により求められます．

$$R = \frac{Vd}{\nu}$$

R：レイノルズ数

V：管内平均流速（cm/sec）

d：管内径（cm）

ν：動粘度（cm^3/sec）

層流 $R < 2320$

乱流 $R > 2320$

（$R = 2320$ …臨界レイノルズ数）

7. 管抵抗

内面のなめらかな直管中を油が流れるときの抵抗は次式で表されます．

$$\varDelta P = \lambda \cdot \frac{L}{d} \cdot \frac{\gamma}{2g} \cdot v^2$$

$\varDelta P$: 管抵抗 (MPa)

λ : 抵抗係数，レイノルズ数によって変化します．流れが層流か乱流かによって異なる式を用います．

層流の場合　$\lambda = \dfrac{64}{R}$

乱流の場合　$\lambda = \dfrac{0.316}{\sqrt[4]{R}}$

L : 管の長さ (cm)

d : 管内径 (cm)

γ : 油の比重量 (kgf/cm^3)　鉱物油の場合 $0.87 \times 10^{-3}\,kgf/cm^3$

g : 重力の加速度 ($980\ cm/sec^2$)

v : 管内流速 (cm/sec)

流量を Q (l/min) とすれば

$$v = \frac{Q \times 1000}{60 \times \frac{\pi}{4} d^2} = \frac{16.7 \times Q}{\frac{\pi}{4} d^2}\ (\text{cm/sec})$$

付録2　油圧の法規制

1. 労働安全衛生法抜粋

第4章　爆発火災等の禁止

第2節　危険物等の取扱い

第263条　ガス容器

○容器の温度を40℃以下に保つこと

○使用するときは容器の口金に付着している油類及びじんあいを除去すること.

○バルブの開閉は静かに行うこと.

○溶解アセチレンの容器は立てて置くこと.

第7章　荷役作業等における危険の防止

第2節3款　揚貨装置の取扱い

第469条　揚貨装置の玉掛けに用いるワイヤーロープ又は鎖の安全係数については，それぞれ6以上又は5以上としなければならない.

第471条　次の各号に該当するワイヤーロープは使用してはならない.

1. ワイヤーロープ1よりの間において素線の数の10パーセント以上の素線が切断しているもの.
2. 直径の減少が公称径の7パーセントをこえているもの.
3. 著しい形くずれ又は腐食があるもの

施 行 令

第1条　第2種圧力容器

ゲージ圧力2キログラム毎平方センチメートル以上の気体をその内部に保有する容器（第1種圧力容器を除く）のうち次に掲げる容器をいう.

イ　内容積が0.04立方メートル以上の容器

ロ　胴の内径が200ミリメートル以上で，かつ，その長さが1,000ミリメートル以上の容器

（アキュムレータはこれに該当し「ボイラー及び圧力容器安全規則」の適用範囲になる）

2. 消防法抜粋

○法第2条　危険物の種類

油圧作動油－第4類乙種危険物（3,000 l）

第4石油類とはギアー油及びシリンダ油のほか温度20℃で液状であるものであって引

火点が200℃以上のものをいう.

○条例準則第31条　タンクについて

鋼板又はこれと同等以上の強度を有する金属板で気密に作るとともに，圧力タンクを除くタンクにあっては水張によって，圧力タンクにあっては最大常用圧力の1.5倍の圧力によって漏れ，又は変形しないものであること.

但し地下に埋没するタンクについては板厚3.2 mm以上とする.

表1

タンクの容量	板　厚
40ℓ以上	1.0mm以上
40ℓをこえ100ℓ以下	1.2
100ℓをこえ250ℓ以下	1.6
250ℓをこえるもの	2.0

○危政令第9条の21　配管

配管は，鋼製その他の金属製のものとし，かつ当該配管に係る最大常用圧力の1.5倍以上の圧力で水圧試験(水以外の不燃性の液体又は不燃性の気体を用いて行う試験を含む)を行なった時漏えい，その他の異常がないものであること.

・危政令第12条　屋内タンク貯蔵所の基準

・タンクと壁，又2以上タンクを設置するときの間隔は0.5 m以上とすること.

・危険物の量を自動的に覚知できる装置を設けること.

・屋内貯蔵タンクの弁は鋳鋼で作り，かつ，危険物が漏れないものであること.

○危規則第20条　通気管

・直径は30 mm以上であること.

・先端は水平より下に45度以上曲げ雨水の浸入を防ぐ構造とすること.

・細目の銅網等による引火防止装置を設けること.

・危政令第20条　消火設備の基準

○危規則第3条　タンクの空間容積の計算方法

タンクの内容積に100分の5以上，100分の10以下の数値を乗じて算出する.

3. 高圧ガス取締法関係

高圧ガスによる災害を防止するため，高圧ガスの製造，取扱い，ならびに容器の製造，取扱いを規制し，公共の安全を確保するための法律.

(1)　高圧ガス

「常用の温度においてゲージ圧力が1 MPa以上となる高圧ガス」

（アキュムレータに使用する窒素ガスはこれに該当する）

(2)　容器検査

高圧ガスを充てんするための容器は，経済産業大臣又は協会の行なう容器検査を受け，これに合格しなければ引渡しは出来ない．

(3)　刻印・表示

内容積が120ℓ未満の容器が検査に合格したときは定められた方式により刻印をしなければならない．

又,「容器保安規則」により，ガスの種類で容器外面に塗色をする．（容器保安規則第40条）

酸素ガス……………………黒色
水素ガス……………………赤色
液化炭酸ガス………………緑色
液化アンモニア……………白色
液化塩素……………………黄色
アセチレンガス……………かっ色
その他の種類の高圧ガス…ねずみ色

表2　特定工場等において発生する騒音の規制に関する基準

時間の区分／区域の区分	昼　間	朝　夕	夜　間
第1種区域	45ホン以上 50ホン以下	40ホン以上 45ホン以下	40ホン以上 45ホン以下
第2種区域	50ホン以上 60ホン以下	45ホン以上 50ホン以下	40ホン以上 50ホン以下
第3種区域	60ホン以上 65ホン以下	55ホン以上 60ホン以下	50ホン以上 55ホン以下
第4種区域	65ホン以上 70ホン以下	60ホン以上 70ホン以下	55ホン以上 65ホン以下

第1種区域	良好な住居の環境を保全するため，特に静穏の保持を必要とする区域
第2種区域	住居の用に供されているため，静穏の保持を必要とする区域
第3種区域	住居の用にあわせて商業，工業等の用に供されている区域であって，その区域内の住民の生活環境を保全するため，騒音の発生を防止する必要がある区域
第4種区域	主として工業等の用に供されている区域であって、その区域内の住民の生活環境を悪化させないため、著しい騒音の発生を防止する必要がある区域

(4)　高圧ガス取締法と労働安全衛生法

アキュムレータが高圧ガス取締法の適用を受けるときは労働安全衛生法の「第 2 種圧力容器」.

検定合格証の取得や，設置の届出などは不要で圧力容器安全規則の適用下に残されたものは「安全弁の調整」「圧力計の防護」の二項目である.

4. 公害対策基本法関係

この基本法で，騒音，水質汚濁，大気汚染，振動，その他人の健康又は生活環境に係る被害が生じることを「公害」と規定している．この基本法に基づいて騒音規制法，水質汚濁防止法がある.

(1)　騒音

環境基準と規制基準及び各地方自治体条例の規制がある.

表 3　地域類型別の基準

地域の類型	時間の区分			該当地域
	昼　間	朝　夕	夜　間	
AA	45ホン(A)以　下	40ホン(A)以　下	35ホン(A)以　下	環境基準に係る水域及び地域の指定権限の委任に関する政令(昭和 46 年政令第 159 号)第 2 項の規定に基づき都道府県知事が地域の区分ごとに指定する地域
A	50ホン(A)以　下	45ホン(A)以　下	40ホン(A)以　下	
B	60ホン(A)以　下	55ホン(A)以　下	50ホン(A)以　下	

(注) 1．AA をあてはめる地域は，療養施設が集合して設置される地域など，特に静穏を要する地域とすること.
2．A をあてはめる地域は，主として住居の用に供される地域とすること.
3．B をあてはめる地域は,相当数の住居と併せて商業，工業等の用に供される地域とすること.

(2)　水質汚濁防止法

工場及び事業場から公共用水域に排出される汚水及び廃液に関して国民の健康と生活環境の保護を図る.

水質汚濁防止に関する法令で排水基準を定めている.

※ノルマルヘキサン抽出物質含有量

鉱油類含有量…………5 mg/ℓ 以下

動植物油脂類含有量……30 mg/ℓ 以下

1 日当たりの平均的な排出水量が $50m^3$以上である工場又は事業場に適用.

これを基準に各地方自治体の条例がある.

付録 3　油圧記号（JIS B 0125）

記号要素

名　称		記　号
線	実　線 （配管）	
	破　線 （配管）	
	一点鎖線	
	複　線	

管　路

名　称	記　号
接　続 （配管）	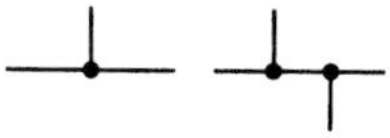
交　差 （配管）	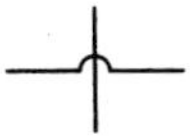
たわみ管路 （ゴムホース）	

機能要素

正三角形	ぬりつぶし	
	白抜き	
矢印表示	直線または斜線	
	曲　線	
	斜　線	
その他		

接　続　口

名　称	記　号
取出口	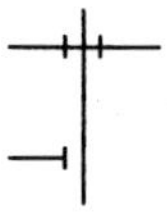
空気抜き	
急速継手	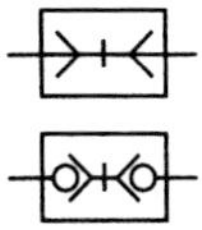 接続状態　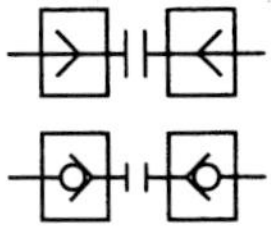 取外し状態
回転継手 1管路	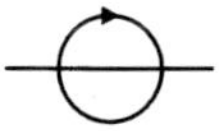
3管路	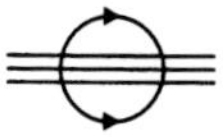

操作機構

名　称	記　号
単一操作機構と機器の関係	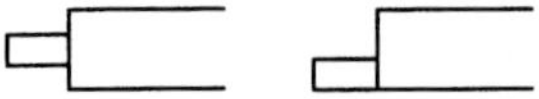
複合操作機構と機器の関係	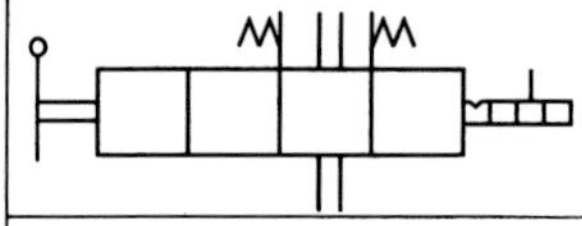
	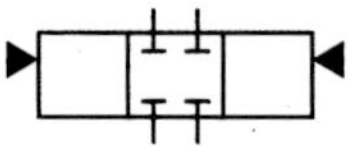
	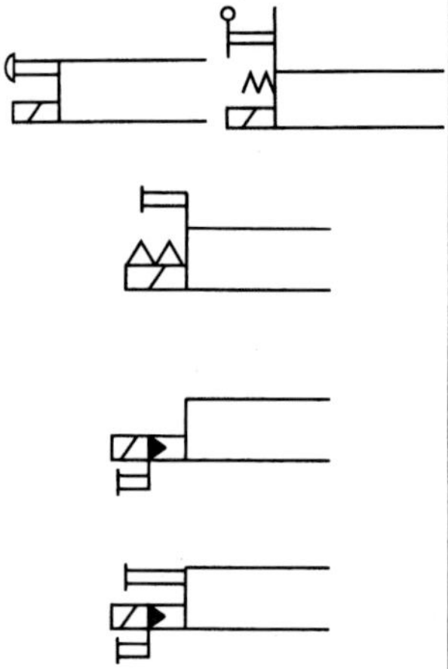

デテント	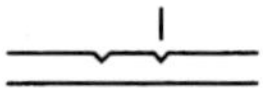
ラッチ	

操作方式

名　称		記　号
人力操作	押ボタン	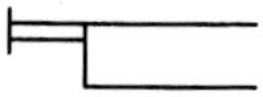 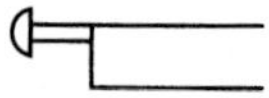
	レバー	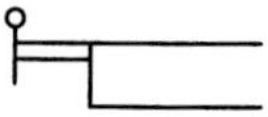
	ペダル	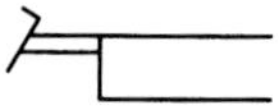
機械操作	プランジャ	
	ばね	
	ローラ	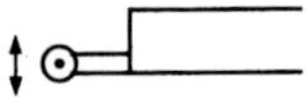
	片ぎきローラ	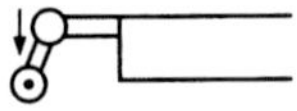

機械式構成部品

名　称	記　号
ロッド	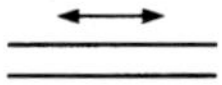
回転軸	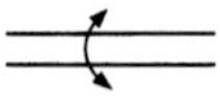

電気操作	直線形電気アクチュエータ	
	単動ソレノイド	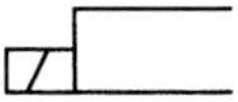
	複動ソレノイド	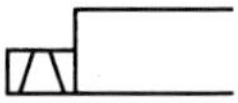
	単動可変式電磁アクチュエータ	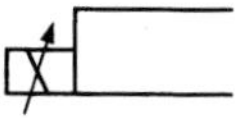
	複動可変式電磁アクチュエータ	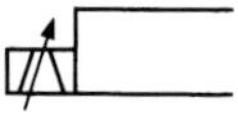
	回転形電気アクチュエータ	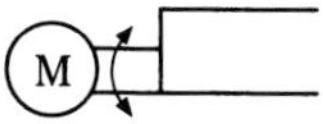
間接パイロット操作	圧力を加えて操作する方式	
	油圧パイロット	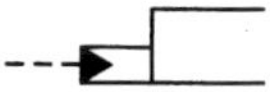
	油圧2段パイロット	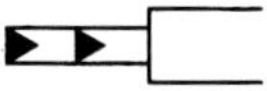
	空気圧・油圧パイロット	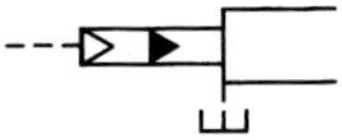
	電磁・油圧パイロット	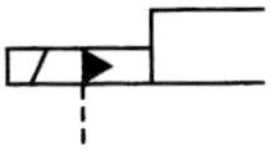

間接パイロット操作	圧力を抜いて操作する方式	
	油圧パイロット	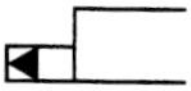 
	電磁・油圧パイロット	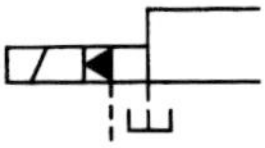
	パイロット作動形圧力制御弁	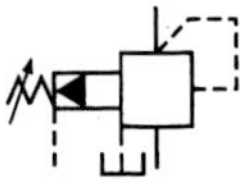
	パイロット作動形比例電磁式圧力制御弁	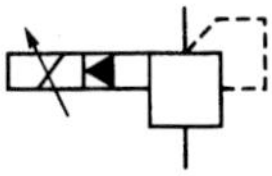
パイロット操作	直接パイロット操作	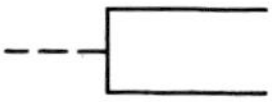 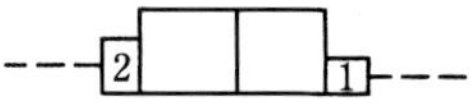
	内部パイロット	
	外部パイロット	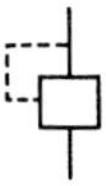

ポンプおよびモータ

名　称	記　号
油圧ポンプ	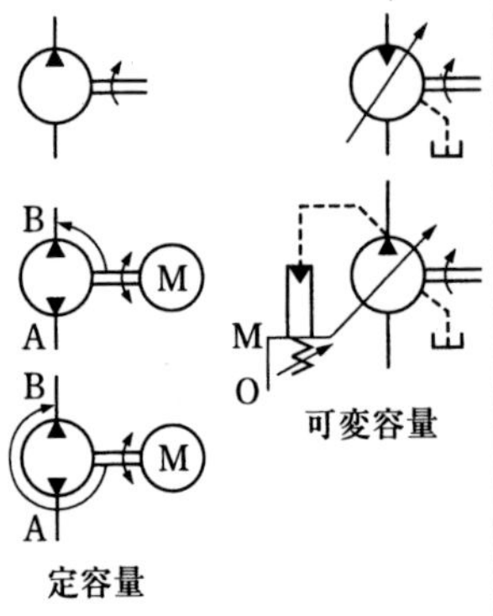
油圧モータ	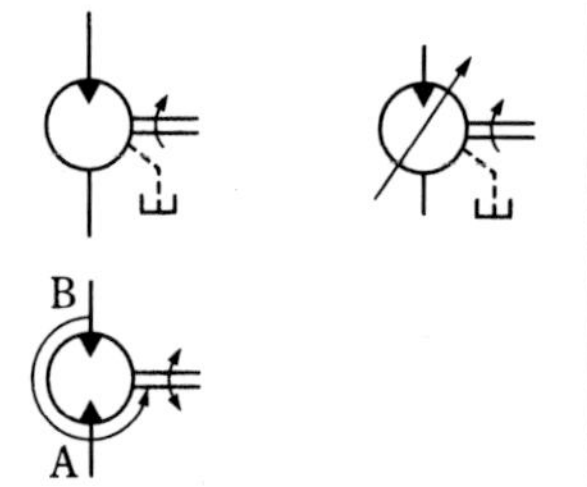
容量形ポンプ・モータ	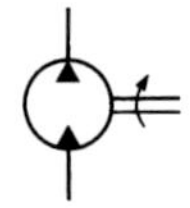
揺動形アクチュエータ	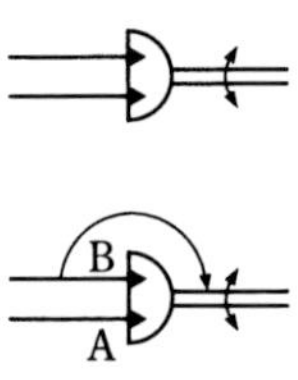

シリンダ

名　称	記　号
単動シリンダ(ばね付き)	詳細記号　　簡略記号 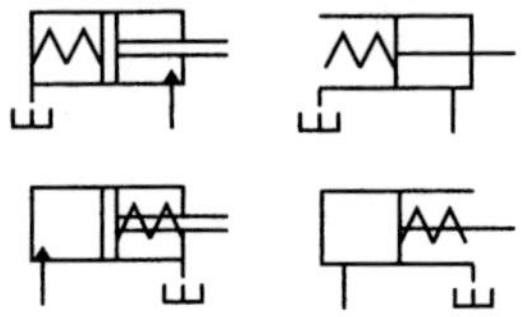
複動シリンダ	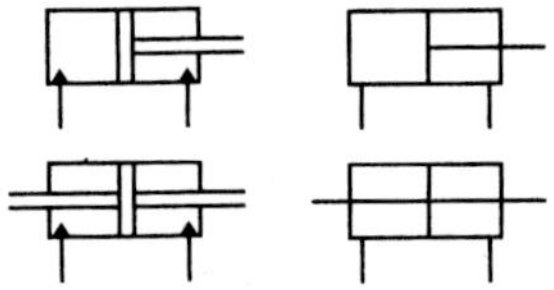
複動シリンダ(クッション付き)	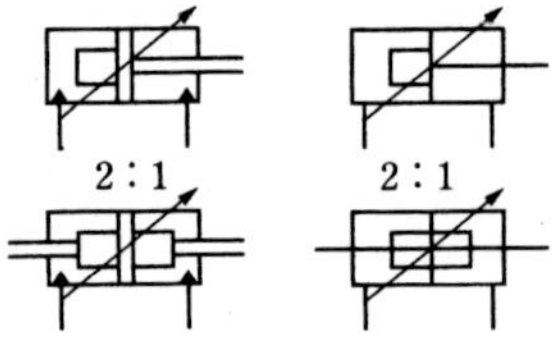
単動テレスコープ形シリンダ	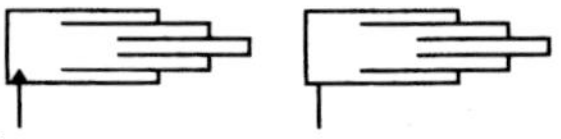
複動テレスコープ形シリンダ	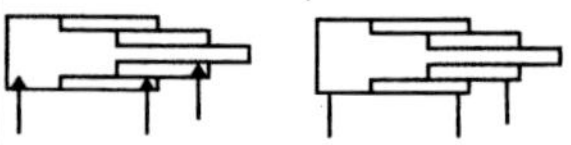
ラム形シリンダ	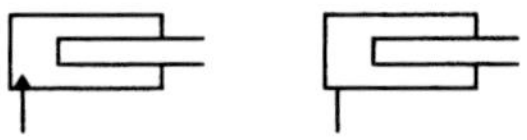

エネルギー容器

名　　称	記　　号
アキュムレータ	
アキュムレータ	気体式  おもり式  ばね式 

動　力　源

名　　称	記　　号
油圧(動力)源	
電 動 機	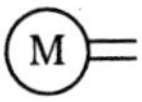
原 動 機	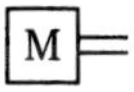

切　換　弁

名　　称	記　　号
基本表示 2ポート2位置	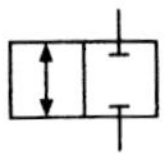
3ポート2位置 (1過渡期)	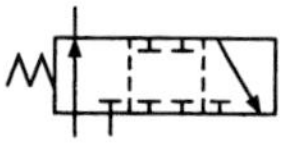
4ポート3位置	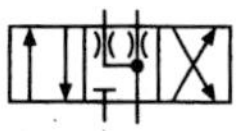 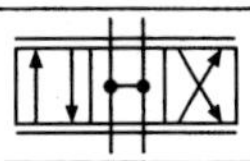
4ポート手動切換弁	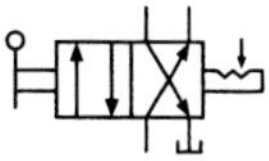
3ポート機械操作切換弁	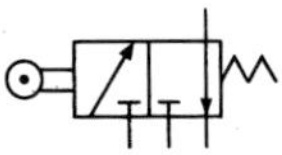
4ポート電磁切換弁	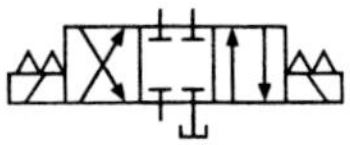 (スプリングセンタ形) 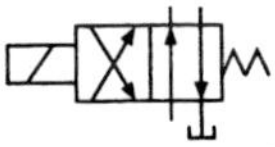 (スプリングオフセット形)
4ポート電磁パイロット切換弁	(1) 詳細記号 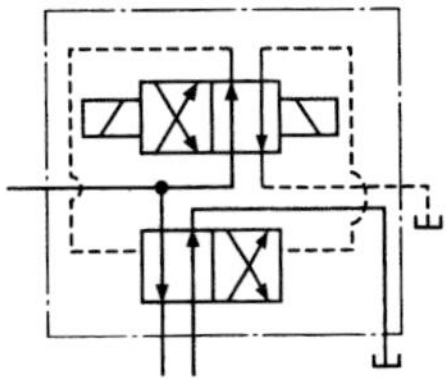 (2) 簡略記号 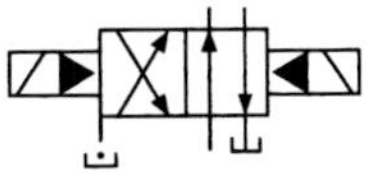

切換弁

<table>
<tr><th>名　称</th><th>記　号</th></tr>
<tr><td rowspan="2">4ポート電磁パイロット切換弁</td><td>詳細記号
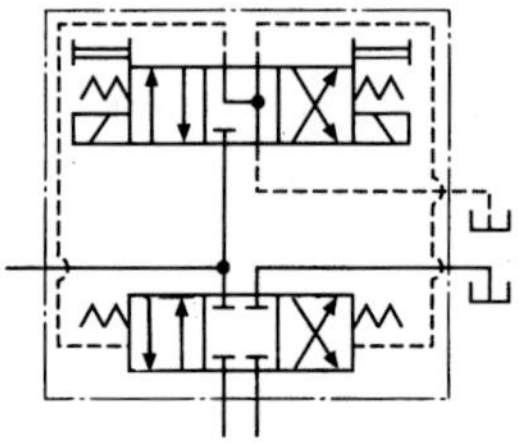
簡略記号
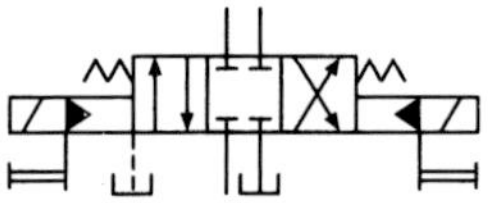
(内部パイロット形)</td></tr>
<tr><td>詳細記号
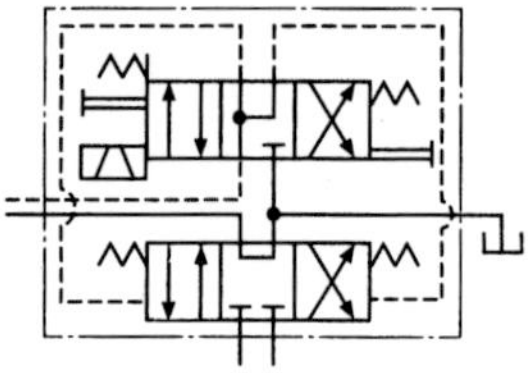
簡略記号
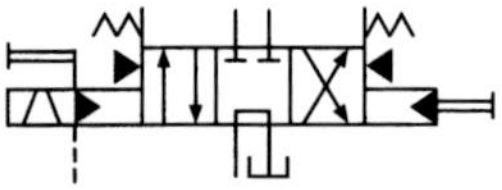
(外部パイロット形)</td></tr>
<tr><td>4ポート絞り切換弁</td><td>中央位置アンダラップ
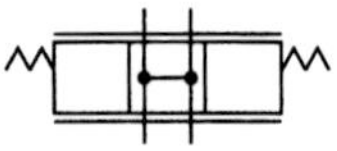
中央位置オーバラップ
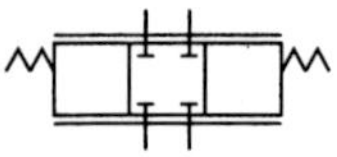</td></tr>
</table>

サーボ弁	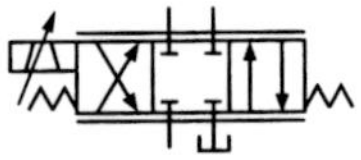

逆止め弁

<table>
<tr><th>名　称</th><th colspan="2">記　号</th></tr>
<tr><td rowspan="2">逆止め弁
(チェック弁)</td><td>詳細記号</td><td>簡略記号</td></tr>
<tr><td>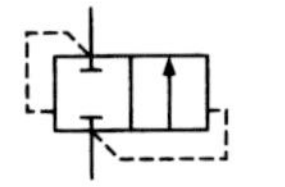
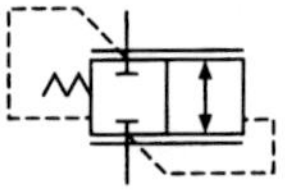</td><td>
</td></tr>
<tr><td rowspan="2">パイロット操作逆止め弁</td><td>詳細記号</td><td>簡略記号</td></tr>
<tr><td>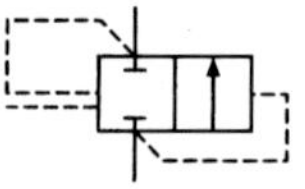
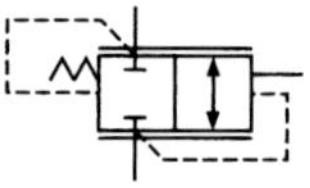</td><td>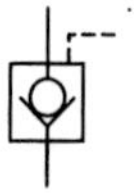
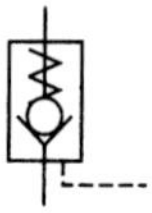</td></tr>
</table>

圧力制御弁

名　称	記　号
リリーフ弁	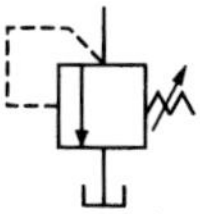
パイロット作動形リリーフ弁	詳細記号 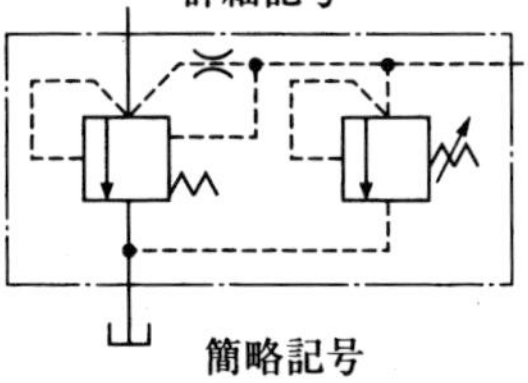 簡略記号 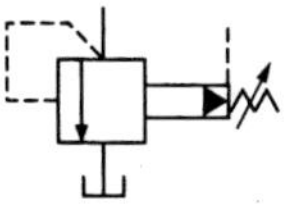
比例電磁式リリーフ弁（パイロット作動形）	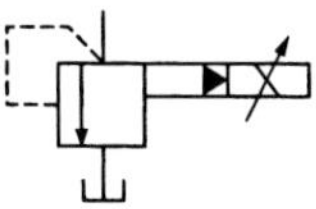
減　圧　弁	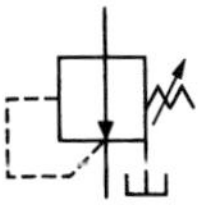 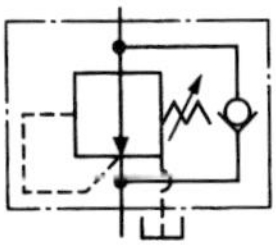
比例電磁式リリーフ減圧弁（パイロット作動形）	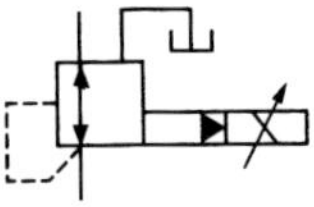
定比減圧弁	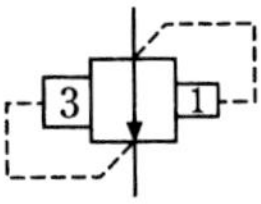
シーケンス弁	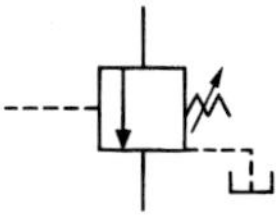
アンロード弁	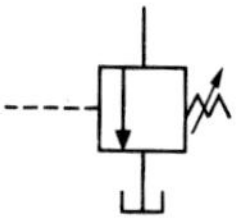
カウンタバランス弁	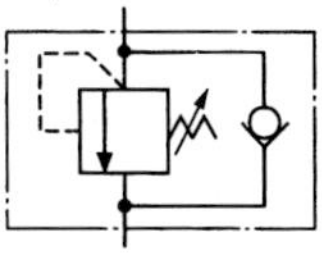
アンロードリリーフ弁	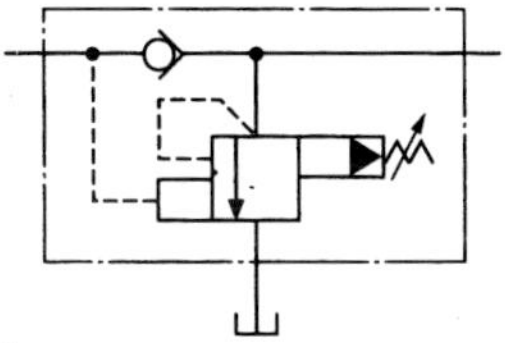
ブレーキ弁	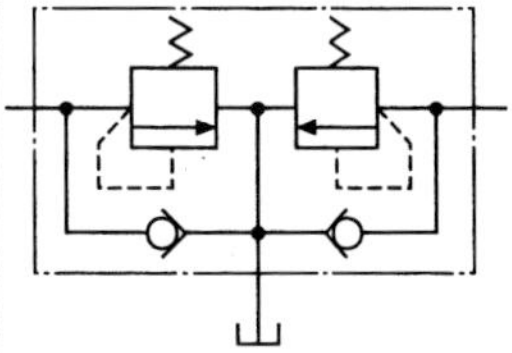

流動制御弁

名　称		記　号
絞り弁	可変絞り弁	詳細記号 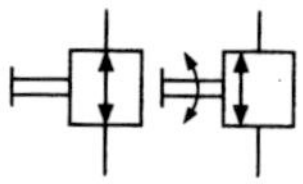 簡略記号 
	逆止め弁付可変絞り弁	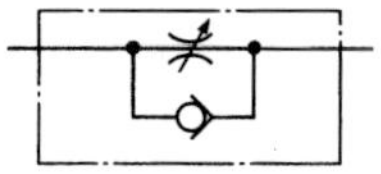
	デセラレーション弁(機械操作可変絞り弁)	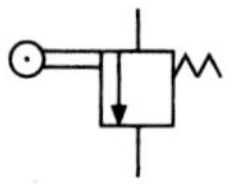 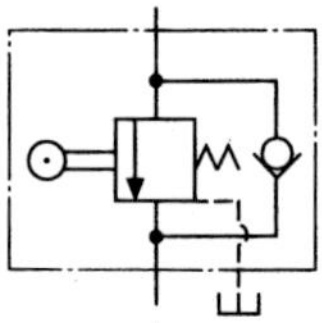 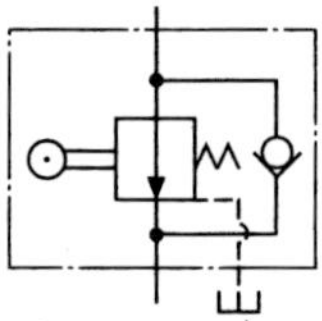
	止め弁	
流量調整弁	圧力補償形流量調整弁	詳細記号 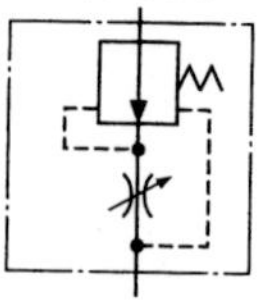 簡略記号 
	圧力温度補償形流量調整弁	詳細記号 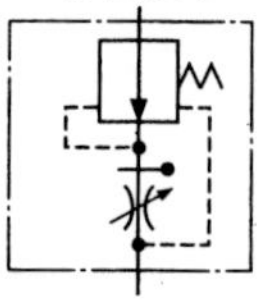 簡略記号 
	バイパス形流量調整弁	詳細記号 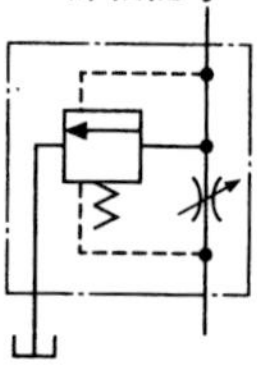 簡略記号 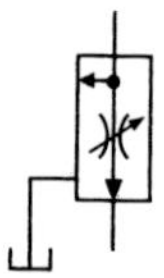

流量調整弁	逆止め弁付き流量調整弁 (シリーズ形)	詳細記号 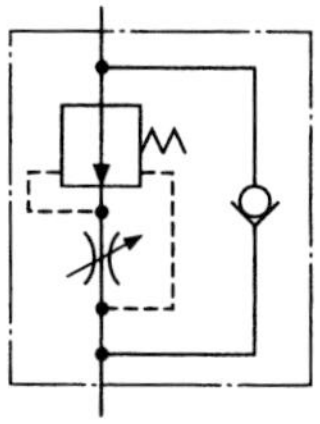 簡略記号 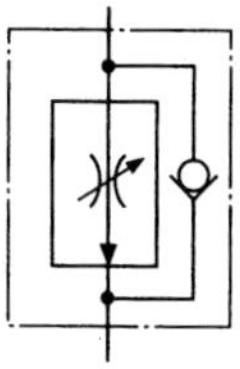
	シャットオフ弁付き1段流量調整弁	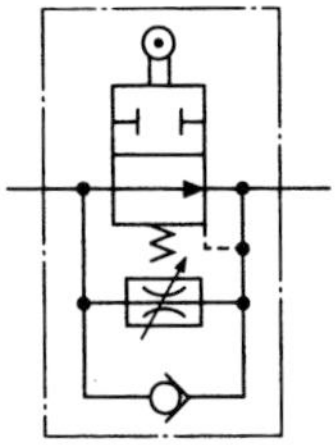
	シャットオフ弁付き2段流量調整弁	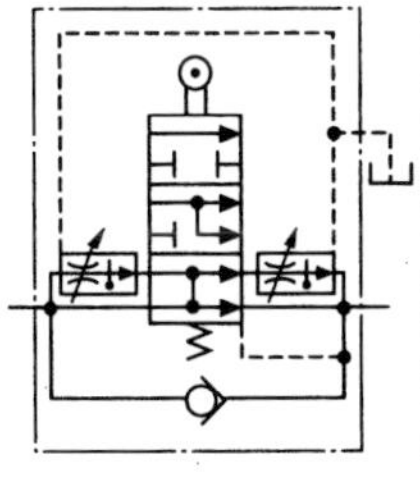
	分流集流弁	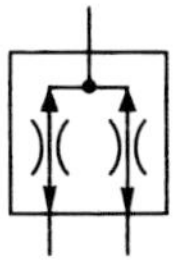
	分流弁	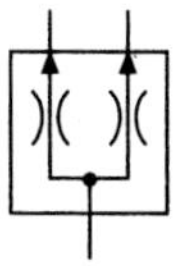

油タンク

名　称	記　号
油タンク (通気式)	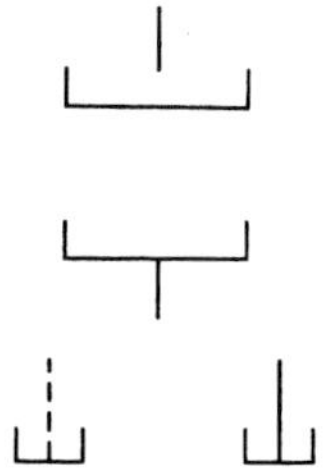

流体調整器

名　称		記　号
フィルタ		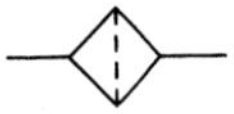 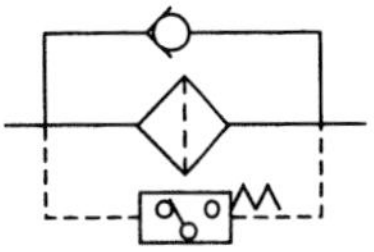 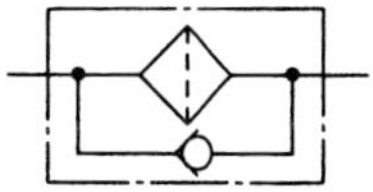
熱交換器	冷　却　器	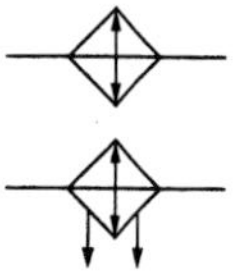
	加　熱　器	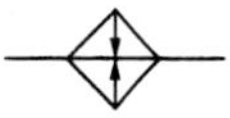
	温度調整器	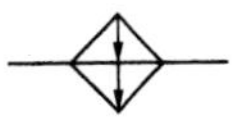

補助機器

名　称	記　号
圧力表示器	
圧力計	
油面計	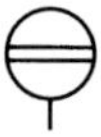
温度計	
流量計	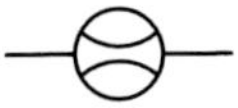
積算流量計	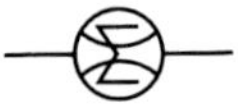
レベルスイッチ	

その他の機器

名　称	記　号
圧力スイッチ	詳細記号 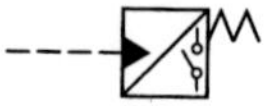 一般記号 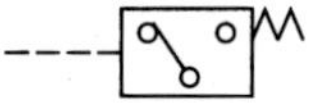
リミットスイッチ	詳細記号 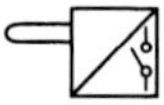　一般記号 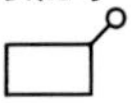
マグネットセパレータ	

付録 4　油圧用語 (JIS B 0118)

1. 基本用語

用　語	読　み　方	意　　味
混入空気	こんにゅうくうき	液体に細かい気ほうの状態で混じっている空気
空気混入	くうきこんにゅう	液体に空気が細かい気ほうの状態で混じる現象または混じっている状態
キャビテーション		流動している液体の圧力が局部的に低下して，飽和蒸気圧もしくは空気分離圧に達し，蒸気を発生したりまたは溶解空気などが分離して気ほうを生じる現象．これが流れてつぶされると局部的に超高圧を生じ，騒音などを発生する場合が多い．
チャタリング		リリーフ弁などで，弁座をたたいて比較的高い音を発する一種の自励振動現象
ジャンピング		流量制御弁（圧力補償付）で，流体が流れ始める場合などに，流量が過渡的に設定値をこえる現象
流体固着現象	りゅうたいこちゃくげんしょう	スプール弁などで，内部流れの不等性などにより，軸に対する圧力分布の平衡を欠き，このため，スプールが弁本体（またはスリーブ）に強く押し付けられて固着し，その作動が不能になる現象
ディザー		スプール弁などで，摩擦および固着現象などの影響を減少させて，その特性を改善するために与える比較的高い周波数の振動
油圧平衡	ゆあつへいこう	油の圧力によって，力のつりあいをとること
デコンプレッション		プレスなどで，油圧シリンダの圧力を静かに抜き，機械の損傷の原因となる回路の衝撃を少なくすること
ラップ		すべり弁などのランド部とポート部との間の重なりの状態またはその量
ゼロラップ		すべり弁などで，弁が中立点にあるときポートは閉じており，弁が少しでも変位するとポートが開き，流体が流れるような重なりの状態
オーバラップ		すべり弁などで，弁が中立点から少し変位して初めてポートが開き，流体が流れるような重なりの状態
アンダラップ		すべり弁などで，弁が中立点にあるときすでにポートが開いており，流体が流れるような重なりの状態

用　語	読 み 方	意　　味
流量	りゅうりょう	単位時間に移動する流体の体積
吐出し量	はきだしりょう	一般にポンプが単位時間に吐き出す液体の体積
押しのけ容積	おしのけようせき	容積式ポンプまたはモータの１回転当たりに押しのける幾何学的体積
ドレン		機器の通路もしくは管路からタンクもしくはマニホールドなどにもどる液体または液体がもどる現象
漏れ	もれ	常態では流れを閉止すべき場所または好ましくない場所を通る比較的少量の流れ
制御流れ	せいぎょながれ	制御された流れ
自由流れ	じゆうながれ	制御されない流れ
規制流れ	きせいながれ	流量があらかじめ定められた値に制御された流れ．ただし，ポンプの吐出し以外に用いる
流れの形	ながれのかたち	弁の任意の位置で，各ポートを接続する流体流れの経路の形
インタフロー		弁の切換途中で，過渡的に生じる弁ポート間の流れ
カットオフ		ポンプ出口側圧力が設定圧力に近づいたとき，可変吐出し量制御が働いて流量を減少させること
フルカットオフ		ポンプのカットオフ状態で，流量が０（ゼロ）になること
圧力降下	あつりょくこうか	流れに基づく流体圧の減少
背圧	はいあつ	油圧回路のもどり側または圧力作動面の背後に作用する圧力
圧力の脈動	あつりょくのみゃくどう	定常の作動条件で発生する吐出し圧力の変動．過渡的な圧力変動は除く
サージ圧〔力〕	さーじあつ〔りょく〕	過渡的に上昇した圧力の最大値
クラッキング圧〔力〕	くらっきんぐあつ〔りょく〕	逆止め弁またはリリーフ弁などで，圧力が上昇し，弁が開き始めて，ある一定の流れの量が認められる圧力
レシート圧〔力〕	れしーとあつ〔りょく〕	逆止め弁またはリリーフ弁などで弁の入口側圧力が降下し，弁が閉じ始めて，弁の漏れ量がある規定された量まで減少したときの圧力
最小作動圧力	さいしょうさどうあつりょく	機構が作動するための最小の圧力
全流量最大圧力	ぜんりゅうりょうさいだいあつりょく	ポンプが任意の定回転で運転している場合，可変吐出し量制御が働き始める前（カットオフ開始直前）の吐出し圧力
カットイン		アンロード弁などでポンプに負荷を与えること．その限界の圧力をカットイン圧力（cut-in pressure ; reloading pressure）という．
カットアウト		アンロード弁などでポンプを無負荷にすること．その限界の圧力をカットアウト圧力（cut-out pressure ; unloading pressure）という．

用　語	読　み　方	意　　　味
定格圧力	ていかくあつりょく	連続して使用できる最高圧力
破壊試験圧力	はかいしけんあつりょく	破壊せずに耐えなければならない試験圧力
実破壊圧力	じつはかいあつりょく	実際に破壊する圧力
保証耐圧力	ほしょうたいあつりょく	定格圧力に復帰したとき，性能の低下をもたらさずに耐えなければならない圧力．この圧力は，定められた条件のもとにおける値である
定格流量	ていかくりゅうりょう	一定の条件のもとに定められた保証流量
定格回転速度	ていかくかいてんそくど	定格圧力で，連続して運転できる最高回転速度
定格速度	ていかくそくど	定格圧力で，連続して運転できる最高速度
流体動力	りゅうたいどうりょく	流体のもつ動力．油圧では実用上流量と圧力の積で表される
油圧回路	ゆあつかいろ	種々の油圧機器などの要素によって組み立てられた油圧装置の機能の構成
回路図	かいろず	記号を用いて回路を示した線図
人力方式	じんりょくほうしき	人力によって操作する方式
手動方式	しゅどうほうしき	人力方式の一種で，手動によって操作する方式
パイロット方式	ぱいろっとほうしき	パイロット弁などによって導かれた圧力による制御方式
メータイン方式	めーたいんほうしき	アクチュエータの入口側管路で流量を絞って作動速度を調節する方式
メータアウト方式	めーたあうとほうしき	アクチュエータの出口側管路で流量を絞って作動速度を調節する方式
ブリードオフ方式	ぶりーどおふほうしき	アクチュエータに流れる流量の一部をタンクに分岐することによって，作動速度を調節する方式
電気一油圧〔方〕式	でんき一ゆあつ〔ほう〕しき	油圧操作にソレノイドなどの電気的要素を組み合わせた方式
管路	かんろ	作動流体を導く役目をする管またはその系統
主管路	しゅかんろ	吸込管路，圧力管路およびもどり管路を含む主たる管路
バイパス管路	ばいぱすかんろ	必要に応じて流体の一部または全量を分岐する管路
ドレン管路	どれんかんろ	ドレンをもどり管路またはタンクなどに導く管路
通気管路	つうきかんろ	大気に常時開放されている管路
通路	つうろ	構成部品の内部をつき抜けるか，またはその内部にある機械加工もしくは鋳抜きの流体を導く連絡路
ポート		作動流体を運ぶ通路の開口部
ベントロ	べんとこう	大気に開放している抜け口
通気口	つうきこう	大気に開放している口
空気抜き	くうきぬき	油圧回路中に閉じこめられた空気を除くための針弁または細管など

用　語	読 み 方	意　　味
絞り	しぼり	流れの断面積を減少し，管路または流体通路内に抵抗をもたせる機構．チョーク絞りとオリフィス絞りがある
チョーク		面積を減少した通路で，その長さが断面寸法に比べて比較的長い場合の流れの絞り．この場合圧力低下は，流体粘度によって大きく影響される
オリフィス		面積を減少した通路で，その長さが断面寸法に比べて比較的短い場合の流れの絞り．この場合圧力降下は，流体粘度によってあまり影響されない
ピストン		シリンダ内を往復運動しながら，流体圧力と力の授受を行うための直径に比べて長さの短い機械部品．通常，連接棒またはピストン棒とともに用いられる
プランジャ		シリンダ内を往復運動しながら，流体圧力と力の授受を行うための直径に比べて長さの長い機械部品．通常，連接棒などを付けずに用いられる
ラム		油圧シリンダ，アキュムレータなどに用いられるプランジャ
スリーブ		中空の円筒形の構成部品で，ピストン，スプールなどを案内するハウジングの内張り
スライド		すべり面に接触して移動し，流路の開閉などを行う構成部品
スプール		円筒形すべり面に内接し，軸方向に移動して流路の開閉を行うくし形の構成部品
ガスケット		静止部品で用いられる流体の漏れ止め
ガスケット接続	がすけっとせつぞく	ガスケットを使用して機器を接続する方法
パッキン		すべり面で用いられる流体の漏れ止め

2．油圧ポンプに関する用語

用語	読み方	意味
油圧ポンプ	ゆあつぽんぷ	油圧回路に用いられるポンプ
容積式ポンプ	ようせきしきぽんぷ	ケーシングとそれに内接する可動部材などとの間に生じる密閉空間の移動または変化によって液体を吸込側から吐出し側に押し出す形式のポンプ
ターボ式ポンプ	たーぼしきぽんぷ	羽根車をケーシング内で回転させ，液体にエネルギーを与え，液体を吐き出す形式のポンプ
定容量形ポンプ	ていようりょうがたぽんぷ	1回転当たりの理論吐出し量が変えられないポンプ
可変容量形ポンプ	かへんようりょうがたぽんぷ	1回転当たりの理論吐出し量が変えられるポンプ
歯車ポンプ	はぐるまぽんぷ	ケーシング内でかみ合う2個以上の歯車によって，液体を吸込側から吐出し側に押し出す形式のポンプ
外接歯車ポンプ	がいせつはぐるまぽんぷ	歯車が外接かみ合いをする形式の歯車ポンプ
内接歯車ポンプ	ないせつはぐるまぽんぷ	歯車が内接かみ合いをする形式の歯車ポンプ
ベーンポンプ		ケーシング（カムリング）に接しているベーン（羽根）を回転子内にもち，ベーン間に吸い込んだ液体を吸込側から吐出し側に押し出す形式のポンプ
ピストンポンプ，プランジャポンプ		ピストンまたはプランジャを斜板，カム，クランクなどによって往復運動させて，液体を吸込側から吐出し側に押し出す形式のポンプ
アキシァルピストンポンプ，アキシァルプランジャポンプ		ピストンまたはプランジャの往復運動の方向がシリンダブロック中心軸にほぼ平行であるピストンポンプ（プランジャポンプ）
斜軸式〔アキシァル〕ピストンポンプ，斜軸式〔アキシァル〕プランジャポンプ	しゃじくしき〔あきしある〕ぴすとんぽんぷ，しゃじくしき〔あきしある〕ぷらんじゃぽんぷ	駆動軸とシリンダブロック中心軸とが同一直線上にない形式のアキシァルピストンポンプ（アキシァルプランジャポンプ）
斜板式〔アキシアル〕ピストンポンプ，斜板式〔アキシアル〕プランジャポンプ	しゃばんしき〔あきしゃる〕ぴすとんぽんぷ，しゃばんしき〔あきしゃる〕ぷらんじゃぽんぷ	駆動軸とシリンダブロック中心軸とが同一直線上にある形式のアキシアルピストンポンプ
ラジアルピストンポンプ，ラジアルプランジャポンプ		ピストンまたはプランジャの往復運動の方向が駆動軸にほぼ直角であるピストンポンプ（プランジャポンプ）
ねじポンプ		ケーシング内でねじをもつ回転子を回転させて，液体を吸込側から吐出し側に押し出す形式のポンプ
複合ポンプ	ふくごうぽんぷ	同一ケーシング内に2個以上のポンプ作用要素をもち，負荷の状態によって各要素の運転を互いに関連させて制御する機能をもつポンプ

用　語	読 み 方	意　　味
二連ポンプ	にれんぽんぷ	同一軸上に2個のポンプ作用要素をもち，それぞれが独立したポンプ作用を行う形式のポンプ
流体伝動装置	りゅうたいでんどうそうち	流体を媒体として動力を伝達する装置
油圧伝動装置	ゆあつでんどうそうち	流体の圧力エネルギーを利用する流体伝動装置．これには，容積式ポンプおよびアクチュエータ（油圧シリンダまたは容積式モータ）が使用される
ターボ式流体伝動装置	たーぼしきりゅうたいでんどうそうち	おもに流体の運動エネルギーを利用する流体伝動装置．ターボ式ポンプおよびタービンが使用される
シリンダブロック		数個のピストンまたはプランジャがはいる一体部品
斜板	しゃばん	斜板式ピストン(またはプランジャ)ポンプまたはモータに用いられ，ピストン（またはプランジャ）の往復運動を規制するための板
カムリング		ベーン，ラジアルピストン（またはプランジャ）ポンプおよびモータに用いられ，ベーン，ピストンまたはプランジャの往復運動を規制する案内輪
弁板	べんいた	ベーン，ピストン（またはプランジャ)ポンプおよびモータに用いられ，液体の出入りを規制するポートをもつ板
圧力板	あつりょくばん	歯車，ベーンポンプおよびモータに用いられ，高圧時の容積効率の低下を防ぐために，背面に圧力を作用させる構造の側面シール部材．弁板を兼ねることもある
分配軸	ぶんぱいじく	ピストン（またはプランジャ）ポンプおよびモータに用いられ，流体の出入りを規制するポートをもつ軸
スイベル ヨーク シリンダ ケーシング		可変容量形の斜軸式ピストン（またはプランジャ）ポンプまたはモータに用いられ，シリンダブロックのポンプまたはモータ軸に対する傾き角を規制する部品．その内部に液体通路をもっている

3．油圧モータおよび油圧シリンダに関する用語

用　語	読　み　方	意　　　味
〔油圧〕アクチュエータ	〔ゆあつ〕あくちゅえーた	流体のエネルギーを用いて機械的な仕事をする機器
油圧モータ	ゆあつもーた	油圧回路に用いられ，連続回転運動のできるアクチュエータ
容積式モータ	ようせきしきもーた	流体の流入側から流出側への流動によって，ケーシングとそれに内接する可動部材との間に生じる密閉空間を移動または変化させて，連続回転運動を行うアクチュエータ
定容量形モータ	ていようりょうがたもーた	1回転当たりの理論流入量が変えられない油圧モータ
可変容量形モータ	かへんようりょうがたもーた	1回転当たりの理論流入量が変えられる油圧モータ
歯車モータ	はぐるまもーた	流入液体によってケーシング内でかみあう2個以上の歯車が回転する形式の油圧モータ
ベーンモータ		ケーシング（カムリング）に接しているベーン（羽根）を回転子内にもち，ベーンの間に流入した液体によって回転子が回転する形式の油圧モータ
ピストンモータ プランジャモータ		流入液体の圧力がピストンまたはプランジャ端面に作用し，その圧力によって斜板，カム，クランクなどを介してモータ軸が回転する形式の油圧モータ
揺動形アクチュエータ	ようどうがたあくちゅえーた	回転運動の角度が 360° 以内に制限されている形式の回転形往復運動をするアクチュエータ
油圧シリンダ	ゆあつしりんだ	シリンダが有効断面積および差圧に比例するような直線運動をするアクチュエータ
複動〔油圧〕シリンダ	ふくどう〔ゆあつ〕しりんだ	液体圧をピストンの両側に供給することのできる構造の油圧シリンダ
単動〔油圧〕シリンダ	たんどう〔ゆあつ〕しりんだ	液体圧をピストンの片側だけに供給することのできる構造の油圧シリンダ
片ロッド〔油圧〕シリンダ	かたろっど〔ゆあつ〕しりんだ	ピストンの片側だけにロッドのある油圧シリンダ
両ロッド〔油圧〕シリンダ	りょうろっど〔ゆあつ〕しりんだ	ピストンの両側にロッドのある油圧シリンダ
ピストン形〔油圧〕シリンダ	ぴすとんがた〔ゆあつ〕しりんだ	ピストンを主要部材とする油圧シリンダ
ラム形〔油圧〕シリンダ	らむがた〔ゆあつ〕しりんだ	ラムを主要部材とする油圧シリンダ
差動〔油圧〕シリンダ	さどう〔ゆあつ〕しりんだ	シリンダの両側の有効面積の差を利用する油圧シリンダ
可変行程〔油圧〕シリンダ	かへんこうてい〔ゆあつ〕しりんだ	行程を制限する可変のストッパをもつ油圧シリンダ

用　語	読 み 方	意　　味
クッション付〔油圧〕シリンダ	くっしょんつき〔ゆあつ〕しりんだ	衝撃を緩衝する機能を付けた油圧シリンダ．普通，シリンダの流出口からの流出油量を絞って行程終端の動きを遅くし，衝撃を防ぐ目的のために行程終端に自動絞り機構を設ける
テレスコープ形〔油圧〕シリンダ	てれすこーぷがた〔ゆあつ〕しりんだ	長い行動行程を与えることのできる多段チューブ形のロッドをもつ油圧シリンダ
回転〔継手付油圧〕シリンダ	かいてん〔つぎてつきゆあつ〕しりんだ	回転継手を備え，接続管路に対して相対的に回転運動のできる油圧シリンダ
シリンダ力	しりんだりょく	ピストン面に作用する理論流体力
シリンダ行程	しりんだこうてい	ピストンロッドの動きうる長さ．クッション付きの場合は，その長さを含む
シリンダチューブ		内部に圧力を保持し，円筒形の内面を形成する部分．ピストン形シリンダの場合には，その内面をピストンがすべるシリンダの円筒
サーボアクチュエータ		制御系統に使用するサーボ弁とアクチュエータの結合体
サーボシリンダ		最終制御位置が制御弁への入力信号の関数をなすような追従機構を一体としてもっているシリンダ
圧力変換器	あつりょくへんかんき	供給する流体圧と異なった出力側流体圧を得る機器
増圧器	ぞうあつき	入口側圧力を，それにほぼ比例した高い出口側圧力に交換する機器
圧力伝達器	あつりょくでんたつき	流体圧を同圧の異種流体圧に変換する機器

4．油圧制御弁に関する用語

用　語	読 み 方	意　　味
弁	べん	流体系統で，流れの方向，圧力もしくは流量を制御または規制する機器
制御弁	せいぎょべん	流れの形を変え，圧力または流量を制御する弁の総称
圧力制御弁	あつりょくせいぎょべん	圧力を制御する弁の総称
流量制御弁	りゅうりょうせいぎょべん	流量を制御する弁の総称
方向制御弁	ほうこうせいぎょべん	流れの方向を制御する弁の総称
リリーフ弁	りりーふべん	回路の圧力が弁の設定値に達した場合，流体の一部または全量をもどり側へ逃がして，回路内の圧力を設定値に保持する圧力制御弁
定比リリーフ弁	ていひりりーふべん	主回路の圧力をパイロット圧力に対し所定の比率に調整（パイロット操作）するリリーフ弁
安全弁	あんぜんべん	機器や管などの破壊を防止するために回路の最高圧力を限定する弁

用　語	読 み 方	意　　味
減圧弁	げんあつべん	流量または入口側圧力にかかわりなく，出力側圧力を入口側圧力よりも低い設定圧力に調整する圧力制御弁
定比減圧弁	ていひげんあつべん	出口側圧力を入口側圧力に対し所定の比率に減圧する弁
定差減圧弁	ていさげんあつべん	出口側圧力を入口側圧力に対し所定の差だけ減圧する弁
リリーフ付減圧弁	りりーふつきげんあつべん	一方向の流れには減圧弁として作動し，逆方向の流れにはその流入側の圧力を減圧弁としての設定圧力に保持するリリーフ弁として作動する弁
アンロード弁	あんろーどべん	一定の条件で，ポンプを無負荷にするために使用される弁．たとえば，系統の圧力が設定の値に達するとポンプを無負荷にしまた系統圧力が設定の値まで低下すれば再び系統へ圧力流体を供給する圧力制御弁
シーケンス弁	しーけんすべん	二つ以上の分岐回路をもつ回路内で，その作動順序を回路の圧力などによって制御する弁
カウンタバランス弁	かうんたばらんすべん	おもりの落下を防止するため背圧を保持する圧力制御弁
流量調整弁	りゅうりょうちょうせいべん	背圧または負荷によって生じた圧力の変化にかかわりなく流量を設定された値に維持する流量制御弁
温度補償付流量調整弁	おんどほしょうつきりゅうりょうちょうせいべん	流体の温度にかかわりなく流量を設定された値に維持する流量調整弁
絞り弁	しぼりべん	絞り作用によって流量を規制する弁．通常，圧力補償のないものをいう
分流弁	ぶんりゅうべん	油圧源から 2 本以上の油圧管路に分流させるとき，それぞれの管路の圧力のいかんに関係なく，一定比率で流量を分割して流す弁
切換弁	きりかえべん	二つ以上の流れの形をもち，2 個以上のポートをもつ方向制御弁
絞り切換弁	しぼりきりかえべん	弁の操作位置に応じて流量を連続的に変化させる切換弁
逆止め弁，チェック弁	ぎゃくどめべん，ちぇっくべん	一方向にだけ流体の流れを許し反対方向には流れを阻止する弁
デセラレーション弁	でせられーしょんべん	アクチュエータを減速させるため，カム操作などによって流量を徐々に減少させる弁
プレフィル弁	ぷれふぃるべん	大形プレスなどの急速前進行程ではタンクから油圧シリンダへの流れを許し，加圧行程では油圧シリンダからタンクへの逆流を防止し，もどり行程では自由流れを許す弁
シャトル弁	しゃとるべん	1 個の出口と 2 個以上の入口をもち，出口が最高圧力側入口を選択する機能をもつ弁
サージ減衰弁	さーじげんすいべん	サージ圧力を減衰させる弁
デコンプレッション弁	でこんぷれっしょんべん	デコンプレッションさせる弁

用　語	読 み 方	意　　味
サーボ弁	さーぼべん	電気その他の入力信号の関数として，流量または圧力を制御する弁
スプール弁	すぷーるべん	スプールを用いた弁
機械操作弁	きかいそうさべん	カム，リンク機構，その他の機械的方法で操作される弁
カム操作弁	かむそうさべん	カムによって操作される弁
人力操作弁	じんりょくそうさべん	人力によって操作される弁
手動操作弁	しゅどうそうさべん	手動によって操作される弁
足踏操作弁	あしぶみそうさべん	足によって操作される弁
電磁弁	でんじべん	電磁操作弁および電磁パイロット切換弁の総称
電磁操作弁	でんじそうさべん	電磁力によって操作される弁
パイロット弁	ぱいろっとべん	他の弁または機器などにおける制御機構を操作するために補助的に用いられる弁
パイロット〔操作〕切換弁	ぱいろっと〔そうさ〕きりかえべん	パイロットとして作用させる流体圧力によって操作される切換弁
電磁パイロット〔操作〕切換弁	でんじぱいろっと〔そうさ〕きりかえべん	電磁操作されるパイロット弁が一体に組み立てられたパイロット切換弁
パイロット操作逆止め弁	ぱいろっとそうさぎゃくどめべん	パイロットとして作用させる流体圧力によって，その機能を変えることのできる逆止め弁
弁の位置	べんのいち	切換弁で，流れの形を決める弁機構の位置
ノーマル位置	のーまるいち	操作力が働いていないときの弁の位置 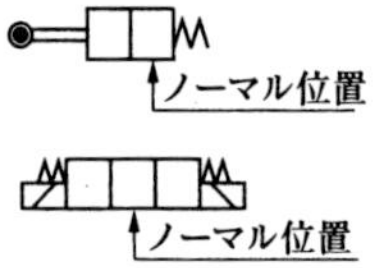
中立位置	ちゅうりついち	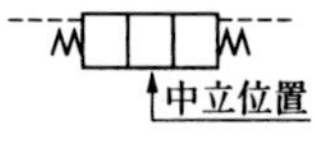
オフセット位置	おふせっといち	切換弁で，中立位置以外の弁の位置 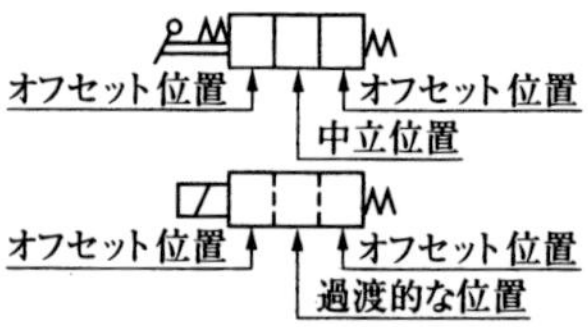

用　語	読　み　方	意　　味
デテント位置	でてんといち	切換弁の弁機構に作用する保持装置によって維持される弁の位置
2位置弁	にいちべん	二つの弁の位置をもつ切換弁
3位置弁	さんいちべん	三つの弁の位置をもつ切換弁
ノーマルクローズド 常時閉	じょうじへい	ノーマル位置では，圧力ポートが閉じている形．この形の弁をノーマルクローズド弁または常時閉の弁（normally closed valve）という
ノーマルオープン 常時開	じょうじかい	ノーマル位置では，圧力ポートが出口ポートに通じている形．この形の弁をノーマルオープン弁または常時開の弁（normally open valve）という
クローズドセンター		切換弁の中立位置で，すべてのポートが閉じている流れの形．この形の弁をクローズドセンタ弁（closed center valve）という．4ポート3位置弁で例示すれば，Pポート（圧力口），Rポート（もどり口），A・Bポート（シリンダ口）がすべて閉じている状態 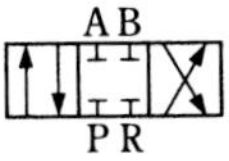
オープンセンター		切換弁の中立位置で，すべてのポートが相通じている流れの形，この形の弁をオープンセンタ弁（open center valve）という 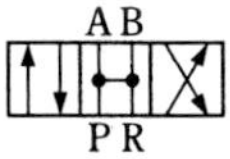
スプリングリターン弁	すぷりんぐりたーんべん	ばねの力によって，ノーマル位置にもどる形式の切換弁
スプリングセンタ弁	すぷりんぐせんたべん	スプリングリターン弁の一種で，ノーマル位置が中立位置である3位置切換弁
スプリングオフセット弁	すぷりんぐおふせっとべん	スプリングリターン弁の一種で，ノーマル位置がオフセット位置にある切換弁
ポートの数	ぽーとのかず	弁と主管路とを接続するポートの数
2ポート弁	にぽーとべん	二つのポートをもつ方向制御弁
3ポート弁	さんぽーとべん	三つのポートをもつ方向制御弁
4ポート弁	よんぽーとべん	四つのポートをもつ方向制御弁
ランド部	らんどぶ	スプールの弁作用を営むすべり面

用　語	読　み　方	意　　味
ＢＲ接続	びいあーるせつぞく	切換弁の中立位置で，ＢポートはＲポートに通じ，ＰポートとＡポートとは閉じている流れの形．この弁をＢＲ接続弁（ＢＲ port connection valve），その他の形式の弁は，それぞれ相通ずるポートの記号を列記してＰＡ（接続）弁などのように呼称する 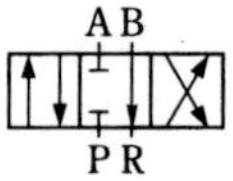

5．付属機器およびその他の機器に関する用語

用　語	読　み　方	意　　味
アキュムレータ		流体をエネルギー源などに用いるために加圧状態でたくわえる容器
プラダ形アキュムレータ	ぷらだがたあきゅむれーた	可とう性の袋で，気体と液体とが隔離されているアキュムレータ
ダイヤフラム形アキュムレータ	だいやふらむがたあきゅむれーた	可とう性のダイヤフラムで，気体と液体とが隔離されているアキュムレータ
ピストン形アキュムレータ	ぴすとんがたあきゅむれーた	シリンダ内のピストンによって気体と液体とが隔離されているアキュムレータ
直接形アキュムレータ	ちょくせつがたあきゅむれーた	液体が圧縮気体で直接に加圧されているアキュムレータ
ばね形アキュムレータ	ばねがたあきゅむれーた	液体がばね力で加圧されているアキュムレータ
重量形アキュムレータ	じゅうりょうがたあきゅむれーた	液体がおもりなどの重量物による重力で加圧されているアキュムレータ
管継手	くだつぎて	管路の接続または機器への取付けのために，流体通路のある着脱できる接続金具の総称
フランジ管継手	ふらんじくだつぎて	フランジを使用した管継手
フレア管継手	ふれあくだつぎて	管（チューブ）の端末を円すい形に広げた構造をもつ管継手
フレアレス管継手	ふれあれすくだつぎて	管（チューブ）の端末を広げないで，管とスリーブとのくい込みまたは摩擦によって管を保持する管継手
めがね継手	めがねつぎて	方向調節可能なひじ形の固定継手
回り継手スイベルジョイント	まわりつぎてすいべるじょいんと	圧力下でも旋回可能な管継手
ロータリージョイント		相対的に回転する配管または機器を互いに接続するための管継手
急速継手	きゅうそくつぎて	ホースの接続用継手で，急速に着脱が可能なもの

用　語	読 み 方	意　　　味
セルフシール継手	せるふしーるつぎて	両接続金具が連結されたとき自動的に開き，分離されたとき自動的に閉じるような逆止め弁を端部に内蔵する急速継手
フィルタ		流体から固形物をろ過作用によって除去する装置
管路用フィルタ	かんろようふぃるた	圧力管路に使用するフィルタ
タンク用フィルタ	たんくようふぃるた	圧力管路および通気管路以外に使用するフィルタ
通気用フィルタ	つうきようふぃるた	大気への通気管路に装着されるフィルタ
油圧油	ゆあつゆ	油圧機器などに使用される油または液体
作動油	さどうゆ	油圧機器または油圧系統に使用されている液体
難燃性〔油圧〕油	なんねんせい〔ゆあつ〕ゆ	燃えにくい油圧油で，火災の危険を最大限に予防しうるもの
油圧ユニット	ゆあつゆにっと	ポンプ，駆動用電動機，タンクおよびリリーフ弁などで構成した油圧源装置またはこの油圧源装置に制御弁も含めて一体に構成した油圧装置
弁スタンド	べんすたんど	油圧源とは別に，弁，計器，その他付属品を装着し，一体に構成した制御用スタンド
圧力スイッチ	あつりょくすいっち	流体圧力が所定の値に達したとき，電気接点を開閉する機器
サブプレート		管路への接続口が一面に集中しているガスケット接続式の制御弁を取り付け，管との接続を行う副板
〔油〕タンク	〔あぶら〕たんく	油圧回路の作動油を貯蔵する容器
ホースアセンブリ		耐圧性のあるホースの両端に管継手の接続金具を装着したもの
マニホールド		内部に配管の役目をする通路を形成し，外部に多数の機器接続口を備えた取付口

付録 5　電気図記号

（工作機械用電気図記号　MAS 502-1968　抜粋）

1．一　般

番号 No.	名　　称 NAME	図　記　号 SYMBOL	摘　　要 REMARK
1.1	導　　線 CONDUCTOR		1. 電線および母線などに広く用いる. 2. シールド線の場合は次のように示す. 3. 導線の数を明示したいときは，次のようにすることができる. (イ)2 本　(ロ)3 本　(ハ)n 本 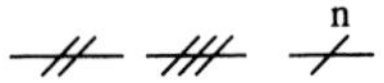 4. 導線の数が多い場合は，次のように示すことができる. 円弧の部分を斜線にしてもよい. 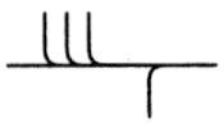
1.2	導線のまじわり CONDUCTORS　接続しない場合 NOT CONNECTED	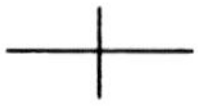	
	導線のまじわり CONDUCTORS　接続する場合 CONNECTED		
1.3	端子 TERMINAL	(イ)　(ロ) 	使用例： 
1.4	電磁コイル (接触器・継電器など) COIL (CONTACTOR, RELAY, ETC)	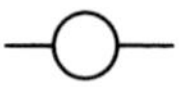	ラッチリレー (LATCHED RELAY) 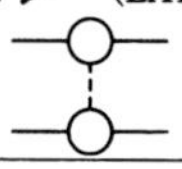
1.5	熱動過電流継電器のヒータ THERMAL OVERLOAD ELEMENT		
1.6	ソレノイド SOLENOID	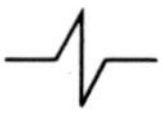	電磁クラッチ，チャック，ブレーキなどを含む MAGNETIC CLUTCH, CHUCK, BRAKE, ETC

番号 No.	名　称 NAME		図記号 SYMBOL	摘　要 REMARK
1.7	変圧器 TRANSFORMER			鉄心入り明示の必要ある場合は，次のように示す． 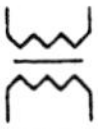
1.8	単巻変圧器 AUTO TRANS-FORMERS	固　定 FIXED		鉄心入り明示の必要ある場合は，次のように示す． 固　定　　可　変 
		可　変 ADJUSTABLE		
1.9	リアクトル REACTORS	固　定 FIXED		鉄心入り明示の必要ある場合は，次のように示す． 
		可　変 ADJUSTABLE		
1.10	整流器 RECTIFIERS	一　般 GENERAL		
		ブリッジ形接続 FULL WAVE	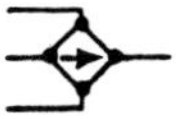	
1.11	電動機および発電機 MOTOR AND GENERATOR		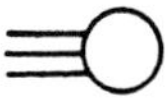	1．3相3線式を示す． 2．電動機の場合はM，発電機の場合はGを入れる．必要あれば直流の場合はMまたはGの下に一を入れる 3．直流の場合は次のように示す． 界磁 (FIELD)　電機子 (ARMATURE) 　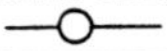
1.12	抵抗器 RESISTORS	固定 FIXED		
		タップ付 TAPPED		
		可　変 ADJUSTABLE	(イ) 　(ロ) 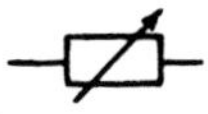	ダイヤル形を明示の必要ある場合は次のように示す 
1.13	ヒューズ FUSES	一　般 GENERAL		
		包装形 ENCLOSED	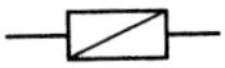	

番号 No.	名　称 NAME	図記号 SYMBOL	摘　要 REMARK
1.14	ベルおよびブザー BELL AND BUZZER	(イ) 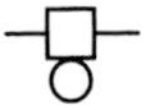 (ロ) 	(イ) ベル BELL (ロ) ブザー BUZZER
1.15	プラグとプラグ受 PLUG AND RECEPTACLE	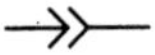	左はプラグ 右はプラグ受
1.16	分流器 SHUNT		
1.17	変流器 CURRENT TRANSFORMER	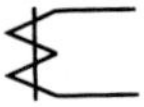	
1.18	計器 METER		Ⓐ　電流計 Ⓥ　電圧計 Ⓦ　電力計 Ⓢ　速度計 Ⓝ　回転計 必要あれば略号の下に交流は～，直流は―を入れる.
1.19	ランプ LAMP	(イ) 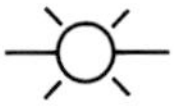 (ロ) 	(イ) 色別の場合は赤はR，黄赤はO，緑はG，青はB，白はWなどを記入する． (ロ) けい光灯 FLUORESCENT
1.20	電池 BATTERY	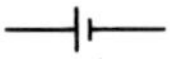	多数連結の場合はつぎのようにすることができる. 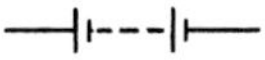
1.21	接地 GROUND		
1.22	外箱に接続 FRAME OR CHASSIS CONNECTION		
1.23	コンデンサ CAPACITORS　固　定 FIXED	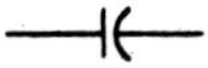	
	可　変 ADJUSTABLE	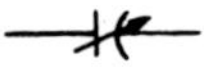	
	電　解 ELECTRO-LYTIC	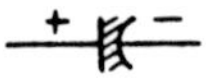	とくに，電解コンデンサであることが明らかな場合は斜線を省略してもよい.
1.24	スリップリング SLIPRING	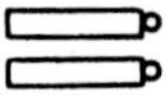	２個の場合を示す.

番号 No.	名　　称 NAME	図　記　号 SYMBOL	摘　　要 REMARK
1. 25	集電子 TROLLEY POLE		1個の場合を示す.
1. 26	機器または装置 EQUIPMENT		□の中に種類を表す文字または図記号を入れる.
1. 27	連動を示す一般図記号 MECHANICAL COUPLING		

2. 開閉器　SWITCH

番号 No.	名　　称 NAME		図　記　号 SYMBOL	摘　　要 REMARK
2. 1	断路器 DISCONNECTING			3極の場合は次のように示す. 
2. 2	しゃ断器 CIRCUIT INTERRUPTER			3極の場合は次のように示す.  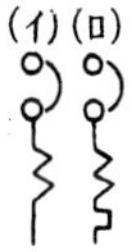 (イ)は電磁式(MAGNETIC)しゃ断器を示す. (ロ)は熱電磁式(THERMAL MAGNETIC)しゃ断器を示す.
2. 3	リミットスイッチ(マイクロスイッチを含む) LIMIT (MICRO)	一　般 GENERAL	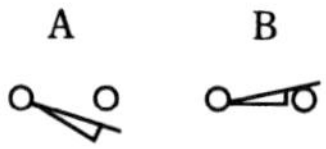	
		中立形 NEUTRAL POSITION	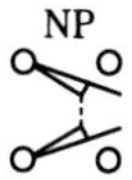	
		保持形 MAINTAINED POSITION		
2. 4	近接スイッチ PROXIMITY		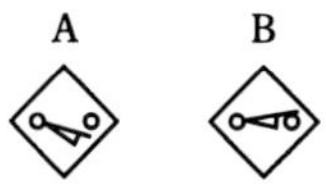	

Aは常時開路　NORMALLY OPEN,　 Bは常時閉路　NORMALLY CLOSED

番号 No.	名　称 NAME		図記号 SYMBOL	摘　要 REMARK
2.5	フロートスイッチ LIQUID LEVEL		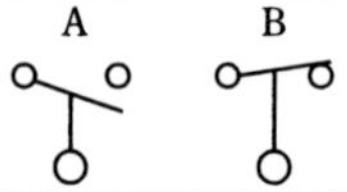	
2.6	圧力スイッチ VACUUM AND PRESSURE		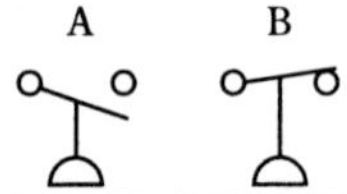	
2.7	温度スイッチ TEMPERATURE　ACTUATED		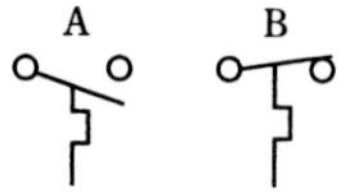	
2.8	フロースイッチ FLOW(AIR, WATER, ETC)		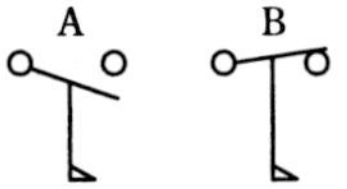	
2.9	速度(プラギング)スイッチ SPEED(PLUGGING)		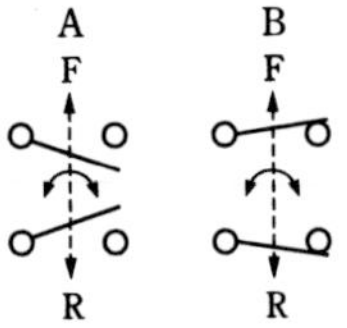	ゼロスピード(ZERO SPEED)スイッチ，遠心力(CENTRI-FUGAL)スイッチを含む.
2.10	選択開閉器 SELECTOR	押ボタン形 PUSH BUTTON	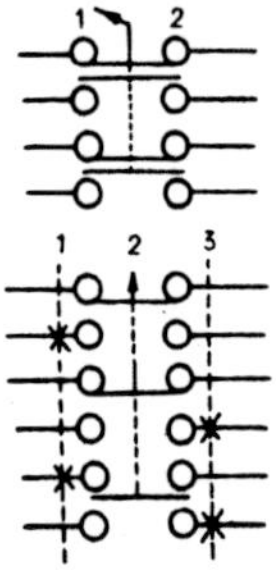	自動復帰切換スイッチは次のように示す. 押しボタン形 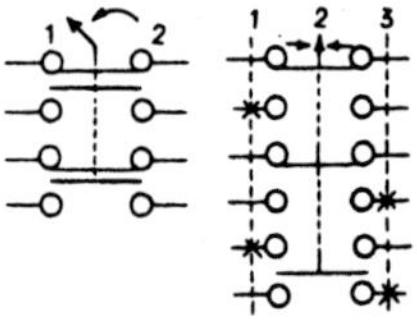
		カムおよびドラム形 CAM AND DRUM	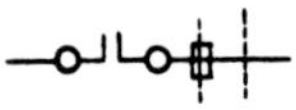	カムおよびドラム形 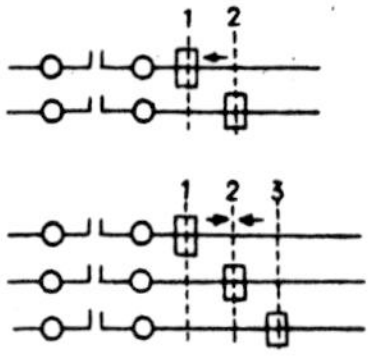
		ロータリ形 ROTARY		
2.11	足ふみスイッチ FOOT			

A は常時開路　NORMALLY OPEN,　B は常時閉路　NORMALLY CLOSED

番号 No.	名　称 NAME		図 記 号 SYMBOL	摘　要 REMARK
2. 12	押ボタンスイッチ PUSH BUTTON	一般 GENERAL	A　B 	
		きのこ形 MUSHROOM HEAD	A　B 	
		切換え SELECTIVE	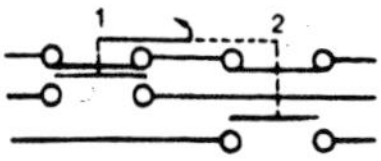	
		接点保持形 MAINTAINED CONTACT	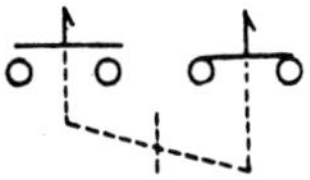	
		表示灯付 ILLUMINATED	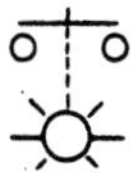	
2. 13	限時接点 TIMER CONTACTS	限時動作 TIMEDELAY 瞬時復帰 INSTANT RESET	A　B 	三角形の頂点方向は瞬時動作，底辺方向は限時動作
		瞬時動作 INSTANT OPERATED 限時復帰 TIMEDELAY RESET	A　B 	
2. 14	一般接点 GENERAL CONTACT		A　B 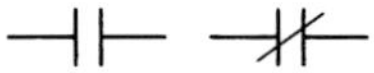	
2. 15	復帰接点 RESET	手動形 MANUALLY	A　B 	熱動過電流継電器など
		自動形 AUTOMATICALLY	A　B 	
2. 16	開閉器（一般） SWITCH		(イ)　(ロ) 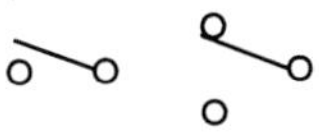	(イ)単極単投 トグル(TOGGLE)スイッチ タンブラ(TUMBLER)スイッチを含む (ロ)単極双投

A は常時開路　NORMALLY OPEN,　B は常時閉路　NORMALLY CLOSED

付録6　電気略号

(MAS 503-1968　抜粋)

名称	略号	名称	略号
電磁開閉器	MS	ベル	BL
制御用継電器	CR	電圧計	V
タイマ	TR	電力計	W
カウンタ	CTR	温度計	THM
ラッチリレー	CRL	回転計用発電機	TG
過負荷継電器	OL	回転計，速度計	SM
過電流継電器	OCR	ランプ	L
過電圧継電器	OVR	表示灯	PL
ソレノイド	SOL	けい光灯	FL
電磁ブレーキ	MB	電池	B
電磁クラッチ	MC	接地	E
電磁チャック	CH	コンデンサ	C
変圧器	T	可変コンデンサ	VC
計器用変圧器	PT	スリップリング	SR
チョークコイル・リアクトル	X	端子台	TB
整流器	REG	刃形開閉器	KS
電動機	M	配線用しゃ断器	CB
発電機	G	サーキットプロテクタ	CP
電動発電機	MG	リミットスイッチ(無接点を含む)	LS
抵抗器	R	フロートスイッチ	FS
可変抵抗器	VR	圧力スイッチ	PS
ヒューズ	F	温度スイッチ	THS
ブザー	BZ	速度スイッチ	SPS
プラグ	PLG	プラギングスイッチ	PLS
プラグ受	RECP	選択開閉器	SS
変流器	CT	足ふみスイッチ	FTS
電流計	A	押ボタンスイッチ	PB
分流器	SH	トグルスイッチ	SW

付録7　SI単位およびそれと併用可能な単位

関連する規格　JIS　Z 8203	国際単位系(SI)及びその使い方
JIS　Z 8202	量記号、単位記号及び化学記号

1．基本単位

量	単位の名称	単位記号
長　さ	メートル	m
質　量	キログラム	kg
時　間	秒	s
電　流	アンペア	A
熱力学温度	ケルビン	K
物質量	モル	mol
光　度	カンデラ	cd

2．補助単位

量	単位の名称	単位記号
平面角	ラジアン	rad
立体角	ステラジアン	sr

3．接頭語

単位に乗じる倍数	接頭語		単位に乗じる倍数	接頭語	
	名　称	記号		名　称	記号
10^{18}	エクサ	E	10^{-1}	デシ	d
10^{15}	ペタ	P	10^{-2}	センチ	c
10^{12}	テラ	T	10^{-3}	ミリ	m
10^{9}	ギガ	G	10^{-6}	マイクロ	μ
10^{6}	メガ	M	10^{-9}	ナノ	n
10^{3}	キロ	k	10^{-12}	ピコ	p
10^{2}	ヘクト	h	10^{-15}	フェムト	f
10	デカ	da	10^{-18}	アト	a

4．固有の名称を持つ組立単位

量	単位の名称	単位記号	定義
周波数	ヘルツ	Hz	$1\,Hz=1\,s^{-1}$
力	ニュートン	N	$1\,N=1kg\cdot m/s^2$
圧力，応力	パスカル	Pa	$1\,Pa=1\,N/m^2$
エネルギー,仕事,熱量	ジュール	J	$1\,J=1\,N\cdot m$
仕事率，工率，電力	ワット	W	$1\,W=1\,J/s$
電気量，電荷	クーロン	C	$1\,C=1\,A\cdot s$
電圧，電位	ボルト	V	$1\,V=1\,J/C$
静電容量	ファラド	F	$1\,F=1\,C/V$
(電気)抵抗	オーム	Ω	$1\,\Omega=1\,V/A$
(電気)コンダクタンス	ジーメンス	S	$1\,S=1\,\Omega^{-1}$
磁束	ウェーバ	Wb	$1\,Wb=1\,V\cdot s$
磁束密度，磁気誘導	テスラ	T	$1\,T=1\,Wb/m^2$
インダクタンス	ヘンリー	H	$1\,H=1\,Wb/A$
セルシウス温度	セルシウス度	℃	t℃=(t+273.15)K
光束	ルーメン	lm	$1\,lm=1\,cd\cdot sr$
照度	ルクス	lx	$1\,lx=1\,lm/m^2$

5．その他の組立単位の例

量	単位の名称	単位記号	SI基本単位による表し方
面積	平方メートル	m^2	
体積	立方メートル	m^3	
速さ	メートル毎秒	m/s	
加速度	メートル毎秒毎秒	m/s^2	
密度	キログラム毎立方メートル	kg/m^3	
電流密度	アンペア毎平方メートル	A/m^2	
磁界の強さ	アンペア毎メートル	A/m	
角速度	ラジアン毎秒	rad/s	
粘度	パスカル秒	Pa·s	$m^{-1}\cdot kg\cdot s^{-1}$
トルク	ニュートンメートル	N·m	$m^2\cdot kg\cdot s^{-2}$
表面張力	ニュートン毎メートル	N/m	$kg\cdot s^{-2}$
熱伝導率	ワット毎メートル毎ケルビン	W/(m·k)	$m\cdot kg\cdot s^{-3}\cdot K^{-1}$

6．SI と併用しても良い単位

量	単位の名称	単位記号	定義
時間	分	min	1 min = 60 s
	時	h	1 h = 60 min
	日	d	1 d = 24 h
平面角	度	°	1° = (π/180)rad
	分	′	1′ = (1/60)°
	秒	″	1″ = (1/60)′
体積	リットル	L	1 L = 10^{-3} m^3
質量	トン	t	1 t = 10^3 kg

7．力の換算率

N	dyn	kgf
1	1×10^5	$1.019\,72\times10^{-1}$
1×10^{-5}	1	$1.019\,72\times10^{-6}$
9.806 65	$9.806\,65\times10^5$	1

8．応力の換算率

Pa	MPa　または　N/mm^2	kgf/cm^2
1	1×10^{-6}	$1.019\,72\times10^{-5}$
1×10^5	1	$1.019\,72\times10$
$9.806\,65\times10^4$	$9.806\,65\times10^{-2}$	1

9．SI への主な換算率

量	従来単位		換算係数　従来→SI→×　SI→従来→÷	SI 単位及び SI 単位と併用して良い単位	
	記号	名称		名称	記号
長さ	μ	ミクロン	1	マイクロメートル	μm
容積	ℓ	リットル	1	リットル	L
	cc	シーシー	1	立方センチメートル	cm^3
加速度	Gal	ガル	0.01	メートル毎秒毎秒	m/s^2
	G	ジー	9.806 65	メートル毎秒毎秒	m/s^2
回転速度(回転数)	rpm	アールピーエム	1	回毎分	min^{-1}
力	kgf	重量キログラム	9.806 65	ニュートン	N
	dyn	ダイン	10^{-5}	ニュートン	N
力のモーメント、トルク	kgf·m	重量キログラムメートル	9.806 65	ニュートンメートル	N·m
圧力	kgf/cm^2	重量キログラム毎平方センチメートル	0.098 066 5	メガパスカル	MPa
応力	kgf/m^2	重量キログラム毎平方メートル	9.806 65	パスカル(ニュートン毎平方メートル)	Pa(N/m^2)
粘度	P	ポアズ	0.1	パスカル秒	Pa·s
	kgf·s/m^2	重量キログラム秒毎平方メートル	9.806 65	パスカル秒	Pa·s
動粘度	St	ストークス	10^{-4}	平方メートル毎秒	m^2/s
エネルギー、仕事	kgf·m	重量キログラムメートル	9.806 65	ジュール	J
	erg	エルグ	10^{-7}	ジュール	J
	W·h	ワット時	3 600	ジュール	J
	PS·h	馬力時	2.64779×10^5	ジュール	J
仕事率、工率	kgf·m/s	重量キログラムメートル毎秒	9.806 65	ワット	W
	erg/s	エルグ毎秒	10^{-7}	ワット	W
	PS	仏馬力	735.5	ワット	W
熱、熱量	cal	カロリー	4.186 05(計量法)	ジュール	J
	cal_{IT}	国際カロリー	4.186 8	ジュール	J
熱伝導率	cal/(s·m·℃)	カロリー毎秒毎メートル毎度	4.186 05	ワット毎メートル毎ケルビン	W/(m·k)
比熱	cal/(kg·℃)	カロリー毎キログラム毎度	4.186 05	ジュール毎キログラム毎ケルビン	J/(kg·k)
エントロピー	cal/K	カロリー毎ケルビン	4.186 05	ジュール毎ケルビン	J/K
比エントロピー	cal_{IT}/(g·K)	IT カロリー毎グラム毎ケルビン	4.186 8	ジュール毎キログラム毎ケルビン	J/(kg·k)
磁界の強さ	Oe	エルステッド	$(10^3/4\pi)=79.577\,5$	アンペア毎メートル	A/m
磁束密度	Gs	ガウス	10^{-4}	テスラ	T
磁束	Mx	マクスウェル	10^{-8}	ウェーバ	Wb

索　　引

■著者紹介
林　義輝（はやし・よしてる）
1943年８月３日生
1966年３月　福岡大学工学部機械工学科卒業
1966年４月　豊興工業株式会社入社を経て
2001年10月から菱栄エンジニアリング株式会社に在職
1975年からは
（社）中部産業連盟
日刊工業新聞社大阪支社
（社）日本プラントメンテナンス協会
（社）大阪府工業協会
およびトヨタ自動車（株）などで講習会を実施

わかりやすい 油圧の技術

2002 年 4 月 15 日　初版発行
2012 年 9 月 10 日　3版発行
2023 年 11 月 20 日　発行所変更

発行人　小林　大作
発行所　日本工業出版株式会社
https://www.nikko-pb.co.jp/
本　　社　〒113-8610　東京都文京区本駒込 6-3-26
TEL：03-3944-1181　FAX：03-3944-6826
大阪営業所　〒541-0046 大阪市中央区平野 1-6-8
TEL：06-6202-8218　FAX：06-6202-8287
振　　替　00110-6-14874

Printed in Japan

落丁・乱丁本はおとりかえいたします

ISBN978-4-8190-3513-2　C3053　¥2500E